上海市工程建设规范

海绵城市设施施工验收与运行维护标准

Standard for construction acceptance and operation
maintenance of sponge city facilities

DG/TJ 08—2370—2021
J 15832—2021

主编单位：上海市政工程设计研究总院(集团)有限公司
批准部门：上海市住房和城乡建设管理委员会
施行日期：2021 年 11 月 1 日

同济大学出版社

2021　上海

图书在版编目(CIP)数据

海绵城市设施施工验收与运行维护标准 / 上海市政
工程设计研究总院(集团)有限公司主编. —上海：同
济大学出版社，2021.11
ISBN 978-7-5608-9935-0

Ⅰ.①海… Ⅱ.①上… Ⅲ.①城市建设－基础设施－
工程施工－工程验收－标准－上海②城市建设－基础设施
－运行－标准－上海③城市建设－基础设施－维修－标准
－上海 Ⅳ.①TU984.251-65

中国版本图书馆 CIP 数据核字(2021)第 201930 号

海绵城市设施施工验收与运行维护标准
上海市政工程设计研究总院(集团)有限公司　主编

策划编辑　张平官
责任编辑　朱　勇
责任校对　徐春莲
封面设计　陈益平

出版发行　同济大学出版社　　www.tongjipress.com.cn
　　　　　(地址：上海市四平路1239号　邮编：200092　电话：021－65985622)
经　　销　全国各地新华书店
印　　刷　浦江求真印务有限公司
开　　本　889mm×1194mm　1/32
印　　张　3.625
字　　数　97 000
版　　次　2021年11月第1版　　2021年11月第1次印刷
书　　号　ISBN 978-7-5608-9935-0
定　　价　40.00元

上海市住房和城乡建设管理委员会文件

沪建标定〔2021〕334 号

上海市住房和城乡建设管理委员会
关于批准《海绵城市设施施工验收与运行维护标准》
为上海市工程建设规范的通知

各有关单位：

由上海市政工程设计研究总院（集团）有限公司主编的《海绵城市设施施工验收与运行维护标准》，经我委审核，现批准为上海市工程建设规范，统一编号为 DG/TJ 08—2370—2021，自 2021年 11 月 1 日起实施。

本规范由上海市住房和城乡建设管理委员会负责管理，上海市政工程设计研究总院（集团）有限公司负责解释。

特此通知。

上海市住房和城乡建设管理委员会
二〇二一年五月三十一日

前　言

为全面贯彻落实国务院、住房和城乡建设部及上海市关于加强城市基础设施建设与推进海绵城市相关工作要求,根据上海市住房和城乡建设管理委员会《关于印发〈2018 年上海市工程建设规范、建筑标准设计编制计划〉的通知》(沪建标定〔2017〕898 号)要求,标准编制组在充分总结以往经验,结合新的发展形势和要求,参考有关国家、行业及本市相关标准规范和文献资料,并在广泛征求意见的基础上,编制了本标准。

本标准的主要内容有:总则、术语、基本规定、海绵城市设施、设施监测、附录 A、附录 B、附录 C。

各单位及相关人员在执行本标准过程中,如有意见和建议,请反馈至上海市住房和城乡建设管理委员会(地址:上海市大沽路 100 号;邮编:200003;E-mail:shjsbzgl@163.com),上海市政工程设计研究总院(集团)有限公司(地址:上海市中山北二路 901 号;邮编:200092;E-mail:lichunju@smedi.com),上海市建筑建材业市场管理总站(地址:上海市小木桥路 683 号;邮编:200032;E-mail:shgcbz@163.com),以供修订时参考。

主 编 单 位:上海市政工程设计研究总院(集团)有限公司
参 编 单 位:上海市政工程设计科学研究所有限公司
　　　　　　　上海申环环境工程有限公司
　　　　　　　华东师范大学
　　　　　　　上海交通大学
　　　　　　　上海同晟环保科技有限公司
　　　　　　　上海砼仁环保技术发展有限公司
　　　　　　　上海昊沧系统控制技术有限责任公司

上海汶泰环保科技有限公司

上海笙凝环境科技有限公司

主要起草人：张　辰　吕永鹏　龚　涛　车　越　张　格

赵　琦　陈　杰　陈亚杰　魏绪刚　李士龙

马　玉　李春鞠　杨　雪　钱卫胜　王坚伟

于冰沁　郑晓光　李建宁　尹冠霖　陈　建

胡启玲　沈红联　韩少唐　雷水红　唐睿豪

主要审查人：李　田　贾　虎　徐一峰　司　耘　丁　敏

邱　蓉　吕艳萍

上海市建筑建材业市场管理总站

目 次

Contents

1 总 则

1.0.1 为贯彻落实生态文明思想,推进海绵城市建设,加强海绵城市建设设施的施工质量和运行维护管理,保证工程质量和设施正常运行,结合本市实际,制定本标准。

1.0.2 本标准适用于本市新建、改建、扩建及大中修工程的建筑与小区、城市绿地、城市道路、城市广场和调节塘等雨水源头减排类海绵城市设施的施工、验收和运行维护。

1.0.3 海绵城市设施的施工应遵循安全为重、因地制宜、合理经济的基本原则。

1.0.4 海绵城市设施的运行维护应明确责任主体和监管主体,并应保障运行维护经费。

1.0.5 海绵城市设施的施工、验收和运行维护管理,除应符合本标准的规定外,尚应符合国家、行业和本市现行有关标准的规定。

2 术 语

2.0.1 单位工程 unit work

具备独立施工条件并能形成独立使用功能的单元项目。本标准的单位工程是指完整排水单元、道路或特定的汇水分区的海绵城市建设内容。

2.0.2 分部工程 division work

按专业性质、建(构)筑物的一个完整部位或主要结构及施工阶段划分的工程实体。

2.0.3 分项工程 subdivision work

按工种、工序、材料、施工工艺、设备类别等划分的工程实体。

2.0.4 检验批 inspection lot

按相同的生产条件或按规定的方式汇总起来供抽样检验用的,由一定数量样本组成的检验体。

2.0.5 主控项目 dominant item

工程中对安全、节能、环境保护和主要使用功能起决定性作用的检验项目。

2.0.6 一般项目 general item

除主控项目以外的检验项目。

2.0.7 雨水表流湿地 rainwater surface-flow wetland

由进水区、处理区、出水区和溢洪道等组成,水在填料表层漫流,具有雨水径流调蓄、削减雨水径流污染、美化景观环境等作用的一种人工湿地。

2.0.8 雨水潜流湿地 rainwater subsurface-flow wetland

由表面绿化植物、砂石土壤等填料组成的浅床湿池植物系统,一般作为蓄水池等雨水储存设施的配套雨水径流净化设施,分为水平潜流人工湿地和垂直潜流人工湿地,本标准特指水平潜流人工湿地。

2.0.9 渗渠　infiltration trench

由砾石和透水结构排水渠组成的具有渗透功能的浅层渗透设施。

2.0.10 雨水罐　rainwater barrel

地上或地下封闭式的简易雨水集蓄利用设施或具有缓释、排污功能的设施,由塑料、玻璃钢或金属等材料制成,也称为雨水桶。

2.0.11 延时调节设施　extended detention facility

在雨水存储和径流峰值削减基础上,通过缓释排水延长雨水停留时间从而实现雨水净化和延时排放的径流控制设施。延时调节设施的蓄水设施主要用于雨水蓄存,其蓄水容积由设计调蓄量决定,形式可以为塘、池、沟和管等。

2.0.12 初期雨水弃流设施　first flush interception facility

将存在初期冲刷效应、污染物浓度较高的雨水径流予以弃除,以降低雨水径流后续处理难度的设施。

2.0.13 浅层调蓄设施　shallow rainwater storage facility

由调蓄模块及集水井、截污装置等构成设置在绿地下部浅层空间进行雨水收储、净化、渗透的调蓄设施。

2.0.14 雨水口过滤设施　inlet filter

应用在雨水预处理环节中,一般安装于截污、弃流之后,发挥雨水拦污、过滤、沉淀功能的设施。

3 基本规定

3.1 施 工

3.1.1 施工单位应建立健全施工技术、质量、安全、文明、环保等管理体系,制定并执行施工管理制度。

3.1.2 施工单位应实行自审、会审和技术核定、技术交底制度,施工变更应按照相应程序报审,经建设主体、施工监理、设计单位等同意后方可实施。

3.1.3 施工测量应符合下列规定:

    1 应按照总平面图或根据建设单位提供的现场高程控制点和坐标控制点,建立工程测量控制网。

    2 各个单位工程应根据建立的工程测量控制网进行测量放线。

    3 施工单位应进行自检、互检双复核,监理单位应进行复测。

    4 对原高程控制点及控制坐标应设保护措施。

    5 高程控制测量应做好与上下游市政排水管道和周边道路竖向的衔接。

3.1.4 海绵城市设施相关各分项工程之间,必须进行交接检验,所有隐蔽分项工程必须进行隐蔽验收,未经检验或验收不合格不应进行后续分项工程。对于生物滞留设施等设施,应设置试验段或样板段,经渗透性能和出水水质等检验,达到设计要求后方能进行大批量施工。

3.1.5 工程主要原材料、构件、配件和设备等应进行进场验收,并应妥善保管。

3.1.6 现场配制的混凝土、砂浆、种植介质、过滤介质、防腐与防水涂料等工程材料应检测合格后使用。

3.1.7 施工现场应制定水土保持方案并采取措施,减少施工过程对场地及其周边环境的扰动和破坏。

3.1.8 施工现场应采取下列安全防护措施:

1 施工场地周边和预留孔洞部位应设置安全护栏、安全网或其他防止人员和物体坠落的防护措施。

2 施工人员应戴安全帽,穿防滑鞋。

3 施工现场应设置消防设施。

3.2 验　收

3.2.1 海绵城市设施的工程施工质量验收依据应包括工程勘察资料、设计文件、说明书、施工图纸、施工合同、竣工图纸。

3.2.2 施工现场应建立健全质量管理体系和施工质量检验制度。

3.2.3 海绵城市设施的工程施工质量验收应在施工单位自检合格后,按检验批、分项工程、分部工程的顺序进行,并应按照本标准附录 A 的相关要求记录备档。

3.2.4 检查数量应按检验批抽样。

3.2.5 海绵城市设施的工程施工质量验收应符合下列规定:

1 检验批的验收应按主控项目和一般项目分别开展。

2 对涉及结构安全、节能、环境保护和主要使用功能的试块、试件及材料,应在进场时或施工过程中按规定进行见证检验。

3 工程的观感质量应由验收人员现场检查,并应共同确认。

4 关于隐蔽工程,施工单位应在隐蔽前通知监理单位进行验收,并形成记录和影像资料等验收文件,验收合格方可继续施工。

5 对涉及结构安全和使用功能的分部工程应进行功能性试

验或检测。

3.2.6 主控项目的验收合格率应为100％，一般项目的验收合格率不应低于80％，且超差点的最大偏差值应在允许偏差值的1.5倍范围内。

3.2.7 海绵城市设施施工质量验收不合格时，应按下列规定处理：

　　1 经返工重做或更换配件、设备等的验收批，应重新进行验收。

　　2 经有相应资质的检测单位检测鉴定能够达到设计要求的验收批，应予以验收。

　　3 经有相应资质的检测单位检测鉴定达不到设计要求，但经原设计单位验算认可，能够满足结构安全和使用功能要求的验收批，可予以验收。

　　4 经返修或加固处理的分项工程、分部（子分部）工程，改变外形尺寸但仍能满足结构安全和使用功能要求，可按技术处理方案文件和协商文件进行验收。

　　5 通过返修或加固处理仍不能满足结构安全或使用功能要求的分部工程，严禁验收。

3.3　运行维护

3.3.1 海绵城市设施的运行维护单位应建立健全管理制度，并配备档案资料管理人员。

3.3.2 海绵城市设施的运行维护应有运行维护管理台账，档案管理宜提高信息化水平，形成可追溯的海绵城市设施运行维护信息数据。

3.3.3 海绵城市设施的运行维护管理资料应包括工程竣工资料和运行维护资料。

3.3.4 海绵城市设施建成移交前应由施工单位负责运行维护管

理,并应配备专职运行维护和管理人员。工程竣工后,运行维护单位应对建设单位移交的竣工资料及时归档。当运行维护单位发生变更时,原运行维护单位应书面移交全套运行维护管理台账,并协助新的运行维护单位完成接收工作。设施移交之前,运行维护单位应对主要技术参数进行复核。

3.3.5 海绵城市设施的运行维护资料应包括下列内容:

1 设施概况及设施一览表。

2 设施的运行维护方案。

3 相关设计资料,包括汇水分区图、雨水排水总图、场地竖向标高图、绿化种植图、海绵设施节点图等。

4 运行维护记录报表,可参考本标准附录B。

5 水质水量检测记录和各类事故处理报告等。

3.3.6 海绵城市设施的运行维护单位应根据设施的具体要求制定运行维护方案。

3.3.7 具有蓄、滞功能的海绵城市设施,应根据设计要求,对调蓄水位进行预排空。

3.3.8 运行维护单位应定期对海绵城市设施进行功能维护、结构检测及运行效果评估,并根据评估结果及时改进运行维护周期和维护方案。

3.3.9 运行维护单位应根据本地区降雨规律、环境本底条件和设施特点确定海绵城市设施的检查和维护频次,每年汛期前、后或者每次暴雨后应至少巡视1次,并根据需要进行相应的维护。

3.3.10 运行维护单位可根据本标准附录C配备海绵城市设施运行维护常用工具、设备和维修材料。工具和设备应符合相关产品的性能和安全要求,材料应符合海绵城市设施的设计要求。

3.3.11 运行维护单位应确保海绵城市设施中护栏等安全防护设施的可靠和完好以及警示标识的明显和完整。

3.3.12 运行维护单位在日常巡视和定期检查中发现下列情况之一时,应进行制止:

1 向设施内倾倒垃圾、废渣、废料等废弃物。

2 未经允许在设施汇水范围内进行各类施工活动。

3 擅自接入其他管道。

4 向设施内排放污废水。

5 擅自在设施内抽水和引水等行为。

3.3.13 运行维护单位应对海绵城市设施加强养护,防止发生蚊蝇滋生和恶臭气味等环境问题。

3.3.14 运行维护单位宜在海绵城市设施的显著部位设置宣传牌,介绍海绵城市设施的名称和作用,鼓励居民积极参与和监督海绵城市设施的运行维护。同时应设立警示标语及告示牌,防止公众改变设施用途或拆除设施。应每年检查一次宣传牌,及时修复损坏部分。

3.4 效果评估

3.4.1 由多个海绵城市设施组成的建设项目可在验收前的试运行阶段或验收后的运行阶段评估其年径流总量控制率、径流峰值削减率和年径流污染控制率。

3.4.2 需要评估的建设项目及其海绵城市设施应汇水区清晰、排水口明确且具备现场监测流量和水质的条件。

3.4.3 流量和水质的监测点位宜设置在建设项目的溢流口或排水口,也可设置在海绵城市设施进水井、溢流口或排水口。

3.4.4 年径流总量控制率宜通过现场监测获得。径流峰值削减率宜通过现场监测和模型模拟结合进行评价。

3.4.5 年径流污染控制率应通过现场监测进、出水悬浮物浓度和对应流量计算得到。

4 海绵城市设施

4.1 透水铺装

Ⅰ 施 工

4.1.1 施工前应查勘施工现场,复核地下隐蔽设施及海绵技术设施的位置和标高,根据设计文件及施工条件,确定施工方案,编制施工组织设计。

4.1.2 施工前进场的材料应符合国家、行业和本市现行相关标准的要求。

4.1.3 透水铺装与非透水铺装结构、建(构)筑物结构一侧的防渗处理应符合设计要求。

4.1.4 透水铺装面层施工前应按规定对基层、封层及排水系统进行检查验收,符合要求后方可进行面层施工。

4.1.5 透水水泥混凝土路面不应在雨天浇筑。当室外日平均气温连续 5 d 低于 5 ℃时,不得进行透水水泥混凝土路面施工。室外最高气温达到 35 ℃及以上时,不宜施工。遇雨雪天及环境温度低于 5 ℃时,不得进行透水沥青路面施工。

4.1.6 透水砖的铺装应符合下列规定:

    1 铺装应从透水砖基准点开始,并以透水砖基准线为基准,按设计图铺筑。

    2 铺装透水砖路面应纵横拉通线铺筑,每 3 m～5 m 设置 1 个基准点。

    3 铺筑过程中,施工人员不得直接站在找平层上作业,不得在新铺设的砖面上拌合砂浆或堆放材料。

4 铺筑完成后,应及时灌缝,及时清除砖面上的杂物、碎屑,面砖上不应有残留水泥砂浆。

5 面层铺筑完成后但基层未达到规定强度前,不应有车辆进入。

4.1.7 透水水泥混凝土的施工应符合下列规定:

1 透水水泥混凝土宜采用强制式搅拌机进行搅拌,新拌混凝土出机至作业面运输时间不宜超过 30 min。

2 透水水泥混凝土的拌制宜先将集料和 50％用水量加入搅拌机拌合 30 s,再加入水泥、增强剂、外加剂拌合 40 s,最后加入剩余用水量拌合 50 s 以上。

3 透水水泥混凝土拌合物运输时应防止离析,应保持拌合物的湿度,必要时应采取遮盖等措施。

4 透水水泥混凝土拌合物从搅拌出料至浇筑完毕的允许最长时间,可由实验室根据水泥初凝时间及施工气温确定,并应符合表 4.1.7 的规定。

表 4.1.7 透水混凝土从搅拌出料直至浇筑完毕的允许最长时间

施工气温 T(℃)	允许最长时间(h)
$5 \leqslant T < 10$	2.0
$10 \leqslant T < 20$	1.5
$20 \leqslant T < 30$	1.0
$30 \leqslant T < 35$	0.75

5 透水水泥混凝土宜采用平整压实机,或采用低频平板振动器振动和专用滚压工具滚压。压实时应辅以人工补料及找平,人工找平时施工人员应穿减压鞋进行操作。

6 透水水泥混凝土压实后,宜采用抹平机对透水水泥混凝土面层进行收面,必要时应配合人工拍实、整平。

7 采用彩色透水水泥混凝土双色组合层施工时,上面层应在下面层初凝前进行铺筑。

8 透水水泥混凝土路面缩缝切割深度宜为层厚的 1/3～1/2,

胀缝应与路面厚度相同。

9 浇筑完毕后应立即覆膜养护,养护时间不宜少于 14 d。

10 路面养护期间不得通行车辆,覆盖材料应保持完整。

4.1.8 透水沥青路面面层的施工应符合下列规定:

1 透水沥青混合料出厂温度 170 ℃~185 ℃,储料过程中温度下降不得超过 10 ℃。

2 出料温度低于 155 ℃或高于 195 ℃的沥青混合料必须作废弃处理。

3 透水沥青混合料摊铺温度不应低于 160 ℃,初压温度不应低于 150 ℃,终压温度不应低于 80 ℃。

4 透水沥青面层压实完毕后应自然冷却,宜在施工完毕 24 h 后开放交通。

4.1.9 透水铺装施工时应按设计要求设置边缘排水系统,广场路面应根据规模设置纵横雨水收集系统。边缘排水系统平面布置、标高、纵坡和透水水管管径等参数应符合设计要求,实现与配套溢流排放系统、城市雨水管渠系统、超标雨水径流排放系统有效衔接。透水管管径宜大于 50 mm,纵坡不应小于 0.3%。

4.1.10 软式透水管材料技术要求应符合现行行业标准《软式透水管》JC 937 的相关要求。

4.1.11 透水铺装工程的施工应符合现行行业标准《城镇道路工程施工与质量验收规范》CJJ 1、《透水沥青路面技术规程》CJJ/T 190、《透水水泥混凝土路面技术规程》CJJ/T 135、《透水砖面技术规程》CJJ/T 188 及现行上海市工程建设规范《道路排水性沥青路面技术规程》DG/TJ 08—2074、《透水性混凝土路面应用技术标准》DG/TJ 08—2265 的相关要求。

Ⅱ 验 收

主控项目

4.1.12 路基和基层压实度应符合设计和规范要求。

检查方法:环刀法、灌砂法和灌水法。

检查数量:每 1 000 m²,每压实层抽检 3 点。

4.1.13 路基和基层的弯沉值应符合设计和规范要求。

检查方法:弯沉仪检测。

检查数量:每车道、每 20 m 测 1 点。

4.1.14 透水基层、垫层和找平层的透水系数应满足设计要求。

检查方法:检查试验报告,复测。

检查数量:每 500 m²,每压实层抽检 3 点。

4.1.15 透水砖路面质量检验主控项目应符合下列规定:

1 透水砖的透水性能、抗滑性、耐磨性、块形、颜色、厚度、强度等性能参数应符合设计要求和现行国家标准《透水铺装砖和透水铺装板》GB/T 25993 的规定。

检查方法:检查合格证、出厂检验报告、进场复试报告。

检查数量:透水砖以同一块形、同一颜色、同一强度且以 20 000 m² 为一验收批;不足 20 000 m² 按一批计。每一批中应随机抽取 50 块试件。

2 结构层的透水性能应逐层验收,其性能应符合设计要求。

检查方法:检查试验报告,复测。

检查数量:每 500 m² 抽测 1 点。

3 透水砖的铺筑形式应符合设计要求。

检查方法:观察检查。

检查数量:全数检查。

4 水泥、外加剂、集料及砂的品种、级别、质量、包装、储存等应符合国家现行有关标准的规定。

4.1.16 透水水泥混凝土路面面层质量检验主控项目应符合下列规定:

1 透水水泥混凝土路面弯拉强度应符合设计规定。

检查方法:检查试件弯拉强度试验报告。

检查数量:每 100 m³ 同配合比的透水水泥混凝土,取样 1 次;不足 100 m³ 时,按 1 次计。每次取样应至少留置 1 组标准养护试件。同条件养护试件的留置组数应根据实际需要确定,最少 1 组。

2 透水水泥混凝土路面抗压强度应符合设计规定。

检查方法:检查试件抗压强度试验报告。

检查数量:每 100 m³ 同配合比的透水水泥混凝土,取样 1 次;不足 100 m³ 时,按 1 次计。每次取样应至少留置 1 组标准养护试件。同条件养护试件的留置组数应根据实际需要确定,最少 1 组。

3 透水水泥混凝土路面面层透水系数应达到设计要求。

检查方法:检查试验报告。

检查数量:每 500 m² 抽测 1 组(3 块)。

4 透水水泥混凝土路面面层厚度应符合设计规定,允许误差为±5 mm。

检查方法:钻孔或刨坑,尺量检查。

检查数量:每 500 m² 抽测 1 点。

4.1.17 透水沥青混合料面层质量检验主控项目应符合下列规定:

1 透水沥青混合料面层压实度,对城市快速路、主干路不应小于 96%,其他等级道路不应小于 95%。

检查方法:查试验记录,应选马歇尔击实试件密度或试验室标准密度。

检查数量:每 500 m² 测 1 点。

2 透水沥青面层厚度应符合设计规定,允许偏差为−5 mm~10 mm。

检查方法:钻孔或刨挖,尺量检查。

检查数量:每 500 m² 测 1 点。

3 透水沥青面层渗水系数应达到设计要求。

检查方法:检查试验报告,复测。

检查数量:每 500 m² 抽测 1 点。

一般项目

4.1.18 透水砖铺砌应平整、稳固,不应有污染、空鼓、掉角和断裂等外观缺陷,不应有翘动现象,灌缝应饱满,缝隙应一致;透水砖

— 13 —

面层与路缘石及其他构筑物应接顺,不得有反坡积水现象。

检查方法:观察检查,尺量检查。

检查数量:全数检查。

4.1.19 透水水泥混凝土路面面层应板面平整、边角整齐,不应有石子脱落现象;路面接缝应垂直、直顺,封内不应有杂物;露骨透水水泥混凝土路面表层石子分布应均匀一致,不得有松动现象。

检查方法:观察检查。

检查数量:全数检查。

4.1.20 透水沥青路面表面应平整、坚实,接缝紧密,无枯焦;不应有明显轮迹、推挤裂缝、脱落、烂边、油斑、掉渣等现象。

检查方法:观察检查。

检查数量:全数检查。

4.1.21 土工合成材料类的封层、反滤隔离层与防渗膜质量验收应符合现行行业标准《公路土工合成材料应用技术规范》JTG/T D 32 的相关规定,封层材料的渗水系数不应大于设计要求。

4.1.22 透水铺装工程验收应符合现行行业标准《城镇道路工程施工与质量验收规范》CJJ 1、《透水沥青路面技术规程》CJJ/T 190、《透水水泥混凝土路面技术规程》CJJ/T 135、《透水砖路面技术规程》CJJ/T 188 及现行上海市工程建设规范《道路排水性沥青路面技术规程》DG/TJ 08—2074、《透水性混凝土路面应用技术标准》DG/TJ 08—2265 等相关标准的规定。

Ⅲ 运行维护

4.1.23 透水铺装的运行维护可分为日常巡视、定期检查和养护。定期检查内容应包括透水性能和病害检查。养护的内容应包括清扫(洗)保养和对损坏路面的维修。

4.1.24 日常巡视应包括下列内容:

1 路面是否有影响路面透水功能或可能损坏路面的杂物、污染物等。

2 路面在大雨天气下的透水情况。

3 透水铺装是否有裂缝、破损等结构性病害现象。

4 透水铺装排水配套附属设施的完好情况。

4.1.25 日常巡视的频次不应少于每周 1 次,遇雨季或自然灾害等极端天气情况,应适当增加巡查频率,透水功能巡查时间宜在雨后 1 h～2 h;发现路面明显积水的部位,应分析原因,及时采取维修保养措施。

4.1.26 应定期对透水铺装路段所有车道进行全面透水功能性养护,全面透水功能性养护频率应根据道路交通量、污染程度、路段加权平均渗水系数残留率、养护资金等情况进行综合分析后确定。透水铺装通车后,应至少每半年进行 1 次全面透水功能性养护。

4.1.27 应根据透水铺装污染的情况,进行不定期的局部透水功能性养护,当发现路面上具有可能引起透水功能性衰减的杂物或堆积物时,应立即清除,并及时安排局部透水功能性养护。

4.1.28 透水铺装的透水功能养护应配备清扫设备和专用的透水铺装功能性养护设备,可通过高压水或高压空气冲刷孔隙内灰尘和泥砂。

4.1.29 透水铺装的维修宜采用与原设计路面结构相同的材料,避免影响路面整体排水性能。

4.1.30 透水铺装的维护应符合现行行业标准《城镇道路养护技术规范》CJJ 36、《透水沥青路面技术规程》CJJ/T 190、《透水水泥混凝土路面技术规程》CJJ/T 135、《透水砖路面技术规程》CJJ/T 188 及现行上海市工程建设规范《道路排水性沥青路面技术规程》DG/TJ 08—2074、《透水性混凝土路面应用技术标准》DG/TJ 08—2265 等有关标准的规定。

4.2 绿色屋顶

Ⅰ 施 工

4.2.1 绿色屋顶的构造宜包括绝热层、耐根穿刺防水层、排

(蓄)水层和过滤层、种植土层、植物层、容器种植和设施等。

4.2.2 绿色屋顶采用的材料应符合下列规定：

1 品种、规格、性能等应符合国家相关产品标准和设计规定，满足屋面设计使用年限的要求。

2 应提供产品合格证书和检测报告。

3 材料进场后，应按照规定抽样复验，提出试验报告。

4 进口植物应提供原产地证明和商检部证明，质量合格证明、检测报告病虫害检疫报告等中文文本。

5 非本地植物应提供当地林业部门出具的苗木检疫证。

4.2.3 施工现场应采取下列安全防护措施：

1 屋面周边和预留孔洞部位应设安全护栏、安全网或其他防坠落的防护措施。

2 施工人员应戴安全帽，穿防滑鞋，坡屋顶作业时还应系安全带。

3 雨天、雪天和五级风及以上天气时不得施工。

4.2.4 找坡(找平)层和保护层的施工应符合现行国家标准《屋面工程技术规范》GB 50345 和《地下工程防水技术规范》GB 50108 的有关规定。

4.2.5 防水卷材的施工环境应符合下列规定：

1 合成高分子防水卷材冷粘法施工时，环境温度不宜低于 5 ℃；焊接法施工时，环境温度不宜低于—10 ℃。

2 高聚物改性沥青防水卷材热熔法施工时，环境温度不宜低于—10 ℃。

3 反应型合成高分子涂料施工时，环境温度宜为 5 ℃~35 ℃。

4 防水层施工前，应在阴阳角、水落口、突出屋面管道根部、泛水、天沟、檐沟、变形缝等部位设防水增强层，增强层材料应与防水层材料同质或相容。

4.2.6 绝热层施工应符合下列规定：

1 坡屋面的绝热层应采用粘贴法或机械固定法施工。

2 保温板基层应平整、干燥和洁净。

3 保温板应紧贴基层、铺平垫稳。

4 保温板接缝应相互错开，并应采用同类材料嵌填密实。

5 贴保温板时，胶粘剂应与保温板的材料相容。

4.2.7 耐根穿刺防水层施工应符合下列规定：

1 施工方式应与防水卷材检测报告的要求相符。

2 沥青类防水卷材搭接缝应一次性焊接完成，并溢出 5 mm～10 mm 沥青胶封边，不得过火或欠火。

3 塑料类防水卷材施工前应试焊，必要时应进行表面处理。

4 高分子防水卷材暴露内增强织物的边缘应密封处理，密封材料与防水卷材应相容。

5 高分子防水卷材"T"形搭接处应做附加层，并应符合下列规定：

1）附加层直径或尺寸不应小于 20 mm；

2）附加层应为匀质的同材质高分子防水卷材；

3）矩形附加层的角应为光滑的圆角。

6 沥青基防水卷材与普通防水层的沥青基防水卷材复合时，应采用热熔法施工。

7 高分子防水卷材与普通防水层的高分子防水卷材复合时，宜采用冷粘法施工。

4.2.8 排（蓄）水层施工应符合下列规定：

1 根据设计图纸文件的要求确定整体排水方向。

2 排（蓄）水层应铺设至排水沟边缘或水落口周边。

3 铺设排（蓄）水材料时，不应破坏耐根穿刺防水层。

4 当采用卵石、陶粒等材料铺设时，大粒径在下、小粒径在上，并应铺设平整、厚度均匀。

5 凹凸形或网状交织排水板应选用塑料或橡胶类材料，并具有一定的抗压强度；凹凸形排水板宜采用搭接法施工，搭接宽度应根据产品的规格确定；网状交织或块状塑料排水板宜采用对接法施工，接茬应齐整。

6 泄水孔周围应放置疏水粗细骨料。

4.2.9 过滤层施工应符合下列规定：

1 应选用聚酯纤维土工布空铺于排（蓄）水层之上，铺设时应平整、无皱折。

2 土工布应沿种植土周边向上铺设至种植土高度，并应与挡墙或挡板粘牢；土工布的搭接宽度不应小于 100 mm，接缝宜采用粘合或缝合方式。

3 边缘沿种植挡墙上翻时应与种植土高度一致，并应与挡墙或挡板粘牢。

4.2.10 种植土层施工应符合下列规定：

1 种植土进场后应避免雨淋，散装种植土应有防止扬尘的措施。为了防止种植土流失，种植土表面应低于挡墙高度 100 mm。

2 种植土进场后不得集中码放，应及时摊平铺设、分层压实，平整度和坡度应符合竖向设计要求。摊铺后的种植土表面应采取覆盖或洒水措施防止扬尘。

4.2.11 种植容器的组装应符合下列规定：

1 放置平稳、固定牢固。

2 与屋面排水系统连通，排水方向应与屋面排水方向相同，并应由种植容器排水口内直接引向排水沟排出。

3 应避开水落口、檐沟等部位，不应放置在女儿墙上和檐口部位。

4.2.12 乔灌木的栽植宜根据植物的习性在冬季休眠期或春季萌芽期前进行，容器苗可不受季节限制，栽植后应根据设计要求和当地气候条件，采取防冻、防晒、降温或保湿等措施。

4.2.13 植物宜在进场后 6 h 内栽植完毕，未栽植的植物应喷水保湿或采取假植措施。

4.2.14 绿色屋顶的施工还应符合现行国家标准《屋面工程技术规范》GB 50345、《坡屋面工程技术规范》GB 50693、《绿色建筑评价标准》GB/T 50378 和现行行业标准《种植屋面工程技术规程》JGJ 155 的相关规定。

Ⅱ 验 收

主控项目

4.2.15 绿色屋顶防水工程竣工后,应由监理单位组织蓄水试验,检验屋面有无渗漏、积水,排水系统是否畅通,检验合格后方可进行后续施工。验收人员应做好记录,并应留下影像资料。

检查方法:雨后或持续淋水 2 h 后观察检查。

检查数量:全数检查。

4.2.16 应检查排水层是否与排水系统连通。

检查方法:注水观察检查。

检查数量:全数检查。

4.2.17 挡墙或挡板泄水孔的留设应符合设计要求,并不应堵塞。

检查方法:注水观察检查。

检查数量:全数检查。

一般项目

4.2.18 应检查接缝密封防水部位。

检查方法:注水观察检查。

检查数量:每 50 m 不少于 1 处,每处测试长度不小于 5 m;总长度不足 100 m 时,不应少于 3 处。

4.2.19 应检查乔灌木。

检查方法:观察检查。

检查数量:全数检查。

4.2.20 应检查草坪地被类植物平整度。

检查方法:观察检查。

检查数量:每 100 m² 不宜少于 3 处,且不应少于 2 处。

4.2.21 应检查防水细部构造部位。

检查方法:观察检查。

检查数量:全数检查。

4.2.22 排水板应铺设平整、无皱折,接缝方法应符合设计要求。

检查方法:观察检查。

检查数量:全数检查。

4.2.23 过滤层土工布应铺设平整、接缝严密,搭接宽度允许偏差不应大于 10 mm。

检查方法:观察检查,尺量检查。

检查数量:全数检查。

4.2.24 种植土应铺设均匀,其厚度与设计的允许偏差不应大于5%,且不应大于 30 mm。

检查方法:观察检查。

检查数量:全数检查。

Ⅲ 运行维护

4.2.25 绿色屋顶的日常巡视与定期检查对象应包括建筑屋面、雨水斗、排水层、过滤层、种植土层和植物(图 4.2.25)。

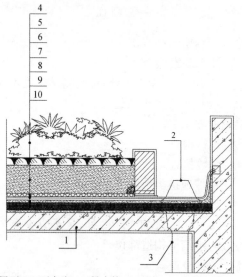

1—建筑屋面;2—雨水斗;3—排水管;4—植物;5—种植土层;6—过滤层;
7—排水层;8—保护层;9—防水层;10—保温层

图 4.2.25 绿色屋顶示意

4.2.26 每年汛期前后应进行巡视,汛期内每月不应少于1次巡视,每次暴雨后应进行1次巡查。

4.2.27 绿色屋顶的日常巡视应包括下列内容和要求:

   1 雨水斗是否堵塞、损坏。

   2 设施内落叶、垃圾是否堆积。

   3 植物是否生长状况良好。

4.2.28 绿色屋顶的定期检查应包括下列内容和要求:

   1 在设计重现期下屋顶不发生积水。

   2 表层整体是否存在明显沉降。

   3 屋面是否存在漏水现象。

   4 种植土层厚度是否有明显减少。

   5 植物外观是否需要修剪,是否存在病虫害、缺水、入侵物种、杂草等情况,植物覆盖率是否满足设计要求;植物长势较差时,应测定土壤肥力。

4.2.29 绿色屋顶的维护方法应包括下列内容和要求:

   1 雨水斗的清理和疏通。

   2 种植土层的补填和翻耕;简单式绿色屋顶覆土层厚度减少1/3的面积超过总面积的50%,应及时修复。

   3 排水层和过滤层材料堵塞后的清理与更换。

   4 结构层损坏、屋面漏水后的大修翻建。

   5 植物的养护应符合现行行业标准《园林绿化养护标准》CJJ/T 287的规定。

   6 垃圾的清理和外运。

4.3 生物滞留设施

Ⅰ 施 工

4.3.1 生物滞留设施施工前,应建设试验段或样板段,并应检验其进水口、溢流口的高程以及蓄水区排空时间达到设计要求后,方可进行大批量施工。

4.3.2 生物滞留设施分项工程宜包括土方开挖、进水排水设施、防渗层、排水层、隔离层、种植土和植物等。

4.3.3 生物滞留设施施工中所使用的种植土、砂砾、碎石、土工布、防渗膜、管道等材料应提供产品合格证书或检测报告,并应按照设计要求对其类别、材质、规格、外观进行核查,且应形成相应的质量记录。

4.3.4 生物滞留设施的施工不得影响周围的市政基础设施,并且应衔接好与周围市政基础设施的关系。

4.3.5 生物滞留设施宜在其汇水面完工后开始施工,并应符合下列规定:

    1 进水口位置应根据完工后的汇水面径流实际汇流路径进行调整。

    2 设施竖向高程应以进水口处汇水面的高程为基准,应注意设施标高和周边场地标高的关系,应能满足地表径流可汇入设施内的要求。

4.3.6 土方开挖应符合下列规定:

    1 应根据地形设计控制坡度和高程,坡度应顺畅,以免阻水。

    2 在满足调蓄容积要求的基础上,生物滞留设施平面形态应和周边环境呼应。

    3 机械开挖和挡墙砌筑等作业宜在基坑外围进行。

    4 基坑开挖完成后,周边或预留进水口处应设置临时挡水设施等防止水土流失的措施。

4.3.7 防渗层的施工应符合下列规定:

    1 防渗膜铺设前,应将基坑内的石块、树枝等尖锐物体清理干净。

    2 防渗膜搭接宽度不宜小于 500 mm,端部应收头入槽,卷材接缝处应牢固、严密。

4.3.8 透水土工布搭接宽度不应小于 200 mm，并防止尖锐物体损坏。

4.3.9 排水层的施工应符合下列规定：

1 填料敷设应在防渗施工验收合格后进行。

2 排水层碎石、卵石等材料应清洗干净，不含杂土，粒径应大于穿孔管孔径。

3 排水层填料应筛分后按粒径从大到小，依次分层敷设，敷设厚度应符合设计要求，敷设后不应采用机械压实。

4 穿孔排水管开孔率应满足设计要求，如设计无要求时，宜为 1%～3%。

4.3.10 溢流口顶与生物滞留设施种植面间的空间为生物滞留设施有效调蓄空间，设施完成面高度应与设计高度一致，保证有效调蓄深度。

4.3.11 覆盖层应按照不露土的原则进行铺设，并应兼顾景观效果；采用树皮作为覆盖层时不应选用轻质树皮。

4.3.12 进水口以干硬性砂浆铺砌时应表面平顺不阻水；进水口内侧的防冲刷消能装置应牢固。

4.3.13 种植土装填之前拌和均匀，装填操作应避免种植层压实。种植土中的松散有机成分在使用前应经过充分发酵稳定。种植土和绿化种植的施工除应满足上述要求外，还应符合现行行业标准《园林绿化工程施工及验收规范》CJJ 82 的有关规定。

4.3.14 生物滞留设施种植土层厚度、土壤性能以及整体构造应满足设计要求，不应导致周边次生灾害发生。在生物滞留设施未形成有效植被覆盖之前，采取必要措施保持池体边坡稳定，减少水土流失。

Ⅱ 验 收

主控项目

4.3.15 生物滞留设施的面积、下沉深度、溢流口高程应满足设计要求,允许偏差应满足表 4.3.15 的要求。

表 4.3.15 生物滞留设施主控项目允许偏差

序号	项目	允许偏差	检查方法
1	面积	±5%	用全站仪测量
2	下沉深度	±5 mm	用水准仪测量
3	溢流口高程	±5 mm	用水准仪测量

注:下沉深度计算方式:每个单项设施上沿口及底部各取不小于 3 个测点,取平均高程,深度=上沿口平均高程-底部测量点平均高程。

4.3.16 种植层厚度及主要成分应符合设计要求。

检查方法:尺量检查,检查试验报告。

4.3.17 穿孔排水管外观应平整、无气泡、夹渣或裂纹,管径、开孔率、强度应满足设计要求。

检查方法:检查产品质量保障资料;检查成品管进场验收记录。

4.3.18 蓄水区水量排空时间应满足设计要求。

检查方法:灌水试验或实际降雨观察计时。

一般项目

4.3.19 生物滞留设施内植物选配、规格及形态应符合设计要求。

检查方法:观察检查,检查施工记录。

检查数量:全数检查。

Ⅲ 运行维护

4.3.20 生物滞留设施的日常巡视和定期检查对象应包括进水口、截污挂篮、溢流井、出水管、植物和覆盖层(图 4.3.20)。

4.3.21 生物滞留设施的日常巡视每周不少于 1 次,汛期应根据实际需要增加巡视频率,应包括下列内容:

1 入口区是否出现堵塞、损坏、侵蚀、沉降等现象,截污设施和消能设施是否完善。

2 溢流井井口、截污挂篮是否有垃圾。

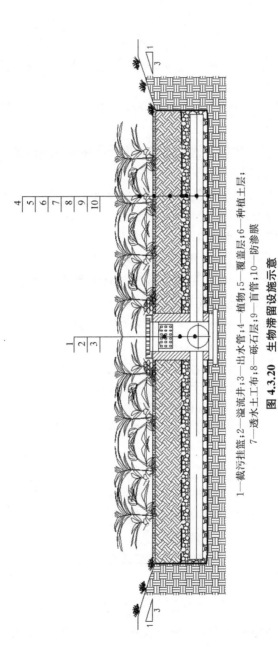

1—截污挂篮；2—溢流井；3—出水管；4—植物；5—覆盖层；6—种植土层；
7—透水土工布；8—砾石层；9—盲管；10—防渗膜

图 4.3.20 生物滞留设施示意

3 出水管、排水管是否存在淤堵。

4 植物是否存在病虫害、缺水、入侵物种等情况，是否需要修剪，覆盖率是否满足设计要求。

5 当生物滞留设施汇水区内存在施工时，应采取措施防治设施堵塞。

4.3.22 汛期时生物滞留设施定期检查频率每月不应少于 2 次，应包括下列内容：

1 入口处是否堵塞、塌陷，消能防冲刷设施功能是否正常。

2 蓄水区水量排空时间是否超过设计要求。

3 设施出水水质检测。

4.3.23 生物滞留设施的维护应包括下列内容：

1 覆盖层整体厚度或局部厚度减少至原设计厚度的 2/3 时，应对覆盖层进行整体填补或局部填补修整。

2 植物的维护应按照现行行业标准《园林绿化养护标准》CJJ/T 287 的相关规定。

3 结构层、出水管、排水管出现淤堵或者破损导致蓄水区水量排空时间超过设计要求时，应进行清掏或修复。

4 溢流井结构或部件破损修复。

5 截污挂篮内垃圾清理，溢流井内沉泥高度大于 10 cm 时清掏。

6 消能装置的修复。

4.3.24 当按照本标准第 4.3.23 条的要求维护后，设施功能依然无法满足设计要求时，应大修或重建。

4.4 转输型植草沟

Ⅰ 施 工

4.4.1 转输型植草沟的分项工程宜包括土方开挖、进水设施、挡水设施、边坡、种植土层、植物等。

4.4.2 转输型植草沟宜在其汇水面完工后开始施工,并应符合下列规定:

1 进水口位置应根据完工后的汇水面径流实际汇流路径进行调整。

2 设施竖向高程应以进水口处汇水面的高程为基准,应注意设施标高和周边场地标高的关系,应能满足地表径流可汇入设施内的要求。

4.4.3 土方开挖应符合下列规定:

1 应根据设计和地形控制轴线、断面、坡度和高程,坡度应顺畅,以免阻水。

2 沟底基土应密实、平整,不应有超挖、虚土贴底或贴坡。

3 机械开挖和挡水堰砌筑等作业宜在沟槽外围进行。

4 沟槽开挖完成后,周边或预留进水口处应设置临时挡水设施等防止水土流失的措施。

4.4.4 转输型植草沟的消能台坎,应能抗水流冲击,标高应符合设计要求。

4.4.5 转输型植草沟的进水口、出水口与周边排水设施应平顺衔接。

4.4.6 转输型植草沟内的植物种类和种植密度应满足设计要求。边坡面种植时,应采取防止水土流失的措施。

4.4.7 种植土、植被边坡的施工还应符合现行行业标准《园林绿化工程施工及验收规范》CJJ 82 的要求。

Ⅱ 验 收

主控项目

4.4.8 转输型植草沟的断面形式与尺寸应满足设计要求,允许偏差应满足表 4.4.8 的要求。

表 4.4.8　转输型植草沟主控项目允许偏差

序号	项目	检查数量	允许偏差	检查方法
1	轴线	每 100 m 5 点	≤50 mm	经纬仪、尺量检查
2	沟底高程	每 100 m 5 点	±30 mm	水准仪测量
3	断面尺寸	每 100 m 5 点	±5%	尺量检查
4	边坡坡度	每 100 m 5 点	±5%	尺量检查

4.4.9　转输型植草沟纵坡应满足设计要求。

检查方法：观察检查，水准仪测量。

检查数量：每隔 20 m 测一个沟底高程，每段高程测量不少于 2 个点。

4.4.10　转输型植草沟的进水、出水及挡水位置高程应满足设计要求，并应与周边排水设施平顺衔接。

检查方法：观察检查，水准仪测量。

Ⅱ　一般项目

4.4.11　转输型植草沟不应有土壤裸露、沟槽高低起伏不平等缺陷。

检查方法：观察检查，水准仪测量。

Ⅲ　运行维护

4.4.12　转输型植草沟的日常巡视和维护对象应包括入口区、过流区、边坡、植物（图 4.4.12）。

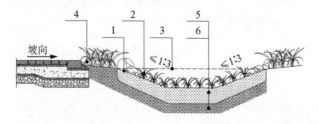

1—边坡；2—植物；3—过流区；4—入口区；5—种植土；6—夯实素土
图 4.4.12　转输型植草沟示意

4.4.13 转输型植草沟的日常巡视应至少每周 1 次,且应包括下列内容:

    1 入口区、过流区、边坡、消能台坎和挡水堰是否出现塌陷、淤堵、沉降、侵蚀破坏等现象。

    2 植物高度、密度是否符合原设计要求等。

    3 沟内是否存在垃圾。

    4 种植土是否裸露、是否有冲蚀破坏。

4.4.14 转输型植草沟的维护应包括下列内容:

    1 入口区、边坡、消能台坎和挡水堰的清理、修复。

    2 植物养护。

    3 垃圾、杂物的清理。

    4 种植土的养护。

4.5 雨水表流湿地

Ⅰ 施 工

4.5.1 雨水表流湿地的分项工程宜包括土方开挖、进水排水设施、堤岸、防渗层、种植土层、边坡和植物等。

4.5.2 雨水表流湿地所使用的设备材料应符合设计要求,并应提供产品合格证书和检测报告;进场前应按设计要求进行核查,并应经监理工程师或建设单位代表检查认可,且形成相应的质量记录。进口植物应提供原产地证明和商检部证明,质量合格证明、检测报告病虫害检疫报告等中文文本;非本地植物应提供当地林业部门出具的苗木检疫证。

4.5.3 施工前应对雨水表流湿地的进水口、前置塘、沼泽区、出水池、溢流出水口、边坡及护岸、维护通道等平面位置的控制桩及高程控制桩进行复核,确认无误后方可施工。

4.5.4 雨水表流湿地的施工应根据现场作业面合理选用施工机具,并应保护周边绿地植物。

4.5.5 土方的开挖、支护方式应根据施工地质条件、周围环境进行经济技术比较,确保施工安全,不应造成次生灾害。

4.5.6 雨水表流湿地应按施工工序进行施工(图 4.5.6)。

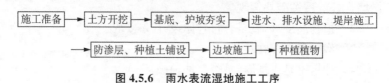

图 4.5.6 雨水表流湿地施工工序

4.5.7 土方开挖应符合下列规定:

1 开挖时应根据雨水表流湿地各功能区严格控制开挖平面尺寸、基底高程和边坡坡度,并且平面形态控制应做到线形流畅,保证景观效果。

2 开挖时基坑应采用合适的支护方式。开挖范围应控制在设计范围内,不得损坏或干扰附近建筑物。

3 采用机械开挖时,基底和边坡应控制不少于 150 mm 的距离,由人工挖至设计标高和边坡坡度;局部出现超挖,必须按设计要求进行处理。

4 基底应进行平整并按设计要求进行压实,不得对原状土的渗透性造成影响。边坡须进行夯实或加固处理,防止倒塌。处理后的基底和边坡表面应平整光滑,没有建筑垃圾、尖锐物、突然的高度变化、裂缝、空鼓等情况。

5 土方开挖至设计高程后应由建设单位会同设计、勘察、施工、监理单位共同验槽;发现岩、土质与勘察报告不符或有其他异常情况时,由建设单位会同上述单位研究处理措施。

4.5.8 进水、排水设施和挡水堤施工应符合下列规定:

1 进水管的高程应符合设计要求,进水口处的消能碎石应摆放整齐,厚度、面积应符合设计要求。

2 前置塘底部沉淀区混凝土、浆砌块石以及挡水堤的施工应满足现行国家标准《混凝土结构工程施工质量验收规范》

GB 50204 的规定。

3 挡水堤的基础、堤身以及排水管道与挡水堤之间应密实、不渗水。

4 溢洪道的高程、断面、坡度等应符合设计要求,并保证调蓄空间。

5 配水石笼的基底土质及其密实度应符合设计要求,现场如遇较差地基土质时,应另做地基处理。

6 溢流竖管、排放管和放空管的高程、断面、坡度应满足设计要求。

7 进水、排水设施的施工应符合现行国家标准《给水排水构筑物工程施工及验收规范》GB 50141、《给水排水管道工程施工及验收规范》GB 50268 的要求。

4.5.9 防渗层的施工应符合下列规定:

1 防渗施工结束后,应进行防渗透验收,验收合格后方可进行下一步施工。

2 防渗土工布或防渗膜的连接方式、搭接宽度应满足现行国家标准《土工合成材料应用技术规范》GB 50290 和现行行业标准《聚乙烯(PE)土工膜防渗工程技术规范》SL/T 231 的要求。

4.5.10 种植土、植被边坡的施工应符合现行行业标准《园林绿化工程施工及验收规范》CJJ 82 的要求。

4.5.11 沼泽区(深、浅)及处理塘内的植物选择与配置应满足设计要求。进场的植物宜在 6 h 之内栽植完毕,未栽植完毕的植物应及时喷水保湿,或采取假植措施。种植土进场后应避免雨淋,散装种植土应有防止扬尘的措施。种植土、植物等应均匀堆放。护栏、警示牌及防护等设施位置应醒目、安装牢固。

Ⅱ 验 收

主控项目

4.5.12 雨水表流湿地的前置塘、沼泽区、处理塘、出水池的面积、深度及进水口与溢流设施高程应满足设计要求,质量要求或允许偏差应满足表 4.5.12 的要求。

表 4.5.12　雨水表流湿地主控项目质量要求或允许偏差

序号	项目	允许偏差	检查方法
1	平面尺寸	满足设计要求	用钢尺测量,坑底、坑顶各 4 点
2	前置塘、沼泽区、出水池底标高	±20 mm	5 m×5 m 方格网挂线尺量
3	塘底平整度	±20 mm	用 2 m 靠尺、塞尺测量
4	进水口标高	±5 mm	用水准仪测量
5	溢流设施标高	±5 mm	用水准仪测量

注:塘底高程测量以及塘底表面平整度测量时,每 25 m² 至少取 1 个点。

4.5.13　雨水表流湿地构造形式应满足设计要求,使用的种植土和渗滤材料不应污染水源,不应导致周边次生灾害发生。

检查方法:检查产品质量合格证明书、各项性能检验报告、进场验收记录。

4.5.14　砌筑水泥砂浆强度、结构混凝土强度应满足设计要求。

检查方法:检查水泥砂浆强度、混凝土强度报告。

检查数量:每 50 m³ 砌体或混凝土每浇筑 1 个台班 1 组试块。

4.5.15　雨水表流湿地蓄水量、排空能力应满足设计要求。

检查方法:灌水试验或实际降雨观察、计时。

4.5.16　植物的种类、覆盖率、成活率应满足设计要求。

检查方法:检查园林部门确认的植物特性书或园林部门参加现场验收确定。

检查数量:全数检查。

一般项目

4.5.17　前置塘、沼泽区、处理塘、出水池驳岸边坡坡度按设计要求施工。

检查方法:观察检查,尺量检查。

检查数量:每个边坡检查1次。

4.5.18 溢流出水口的结构型式应按设计要求施工。

检查方法:尺量检查。

检查数量:全数检查。

4.5.19 砌筑结构应灰浆饱满、无通缝。

检查方法:观察检查。

检查数量:全数检查。

Ⅲ 运行维护

4.5.20 雨水表流湿地的日常巡视和定期检查对象应包括进水口、前置塘、出水口、溢流竖管格栅、溢洪道、水位和植被边坡等(图4.5.20)。

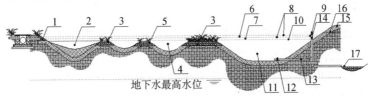

1—进水口;2—前置塘/预处理池;3—配水石笼;4—深沼泽区;5—浅沼泽区、植物;6—调节容积(可选);7—存储容积;8—调节水位;9—格栅;10—常水位;11—出水池;12—阀门;13—放空管;14—溢流竖管;15—堤岸;16—溢洪道;17—溢流竖管出水口

图4.5.20 典型雨水表流湿地构造示意

4.5.21 雨水表流湿地的日常巡视应包括下列内容:

1 进水口、出水口是否出现堵塞或淤积导致过水不畅问题,是否存在因冲刷造成水土流失。

2 雨水表流湿地内是否存在垃圾与杂物堆积、漂浮等情况。

3 雨水表流湿地水位是否低于最低水位,水体水质是否出现恶化现象。

4 雨水表流湿地内植物生长及养护状况,是否存在病虫害、入侵物种、土壤裸露,植物覆盖率是否满足设计要求等。

5 雨水表流湿地溢流竖管格栅、溢洪道是否存在堵塞现象。

6 雨水表流湿地边坡、护堤是否出现侵蚀、坍塌、损坏现象。

4.5.22 雨水表流湿地汛期的定期检查应包括下列内容：

1 雨水表流湿地前置塘/预处理池内沉积物淤积是否超过设计高度。

2 雨水表流湿地溢洪道是否存在杂物堵塞等不畅现象。

3 对湿地内的植物生长状况进行检查。

4 出水水质检测。

5 降雨前后应检查阀门、泵、控制系统等雨水表流湿地配套设备运行是否正常。

4.5.23 雨水表流湿地的维护内容应包括：

1 应及时清除湿地内的垃圾，保持卫生，并根据蚊虫滋生情况进行消杀。

2 雨水表流湿地出现水位过低影响景观和植物生长时，应考虑进行补水。

3 雨水表流湿地的水质恶化时，应及时查明原因，采取相应措施进行生态修复。

4 植物具体养护方法应符合现行行业标准《园林绿化养护标准》CJJ/T 287 的规定；在植物生长季应进行常规修剪、收割，产生的草屑统一收集并在湿地外处理；维护湿地内水生植物生长环境，定期清理水面漂浮物和落叶等；保持植物高度不超过设计允许范围；若存在植物裸露的斑点和区域，立即补种。

5 每月应至少 1 次清理雨水表流湿地配水设施和溢流竖管格栅的漂浮垃圾和沉积物，并及时修理或替换锈蚀或损坏的栅条。

6 雨水表流湿地进水口、出水口存在冲刷造成水土流失时，应及时修补，若冲刷较为严重，应设置碎石缓冲等防冲刷措施。

7 降雨前后应及时清理进水口、出水口、溢流竖管格栅、溢洪道的垃圾与沉积物。

8 前置塘/预处理池内沉积物淤积超过设计高度时，应及时清淤。

9 对机电设备应定期检查、及时检修或更换。

10 暴雨前宜将雨水表流湿地水位排放至最低水位,延缓峰值水量的排放时间;降雨前后应检查雨水表流湿地内部淤积情况,并根据蓄水及景观要求及时清淤。

4.5.24 湖荡型区域的雨水表流湿地除应符合本标准第 4.5.21～第 4.5.23 条的规定之外,宜在春季控制杂草生长,可考虑通过提升水位淹没植物的方式加以控制。

4.6 雨水潜流湿地

Ⅰ 施 工

4.6.1 雨水潜流湿地分项工程宜包括土方开挖、进出水管渠、防渗层、填料层、种植土和植物等。

4.6.2 雨水潜流湿地所使用的设备材料应符合设计要求,并应提供产品合格证书和检测报告;进场前应按设计要求进行核查,并应经监理工程师或建设单位代表检查认可,且形成相应的质量记录。进口植物应提供原产地证明和商检部证明,质量合格证明、检测报告病虫害检疫报告等中文文本;非本地植物应提供当地林业部门出具的苗木检疫证。

4.6.3 表流雨水湿地的施工应根据现场作业面合理选用施工机具,并应保护周边绿地植物。

4.6.4 土方的开挖、支护方式应根据施工地质条件、周围环境进行经济技术比较,确保施工安全,不应造成次生灾害。

4.6.5 雨水潜流湿地应按施工工序进行施工(图 4.6.5)。

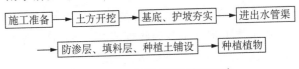

图 4.6.5 雨水潜流湿地施工工序

4.6.6 土方开挖应符合下列规定：

1 开挖时基坑应采用合适的支护方式；开挖范围应控制在设计范围内，不得损坏或干扰附近建筑物。

2 采用机械开挖时，基底和边坡应控制不少于 150 mm 的距离，由人工挖至设计标高和边坡坡度；局部出现超挖，必须按设计要求进行处理。

3 基底应进行平整并按设计要求进行压实，不得对原状土的渗透性造成影响。边坡须进行夯实或加固处理，防止倒塌。处理后的基底和边坡表面应平整光滑，没有建筑垃圾、尖锐物、突然的高度变化、裂缝、空鼓等情况。

4 土方开挖至设计高程后应由建设单位会同设计、勘察、施工、监理单位共同验槽；发现岩、土质与勘察报告不符或有其他异常情况时，由建设单位会同上述单位研究处理措施。

4.6.7 防渗层的施工应符合下列规定：

1 防渗施工结束后，应进行防渗透验收，验收合格后方可进行下一步施工。

2 防渗土工布或防渗膜的连接方式、搭接宽度应满足现行国家标准《土工合成材料应用技术规范》GB 50290 和现行行业标准《聚乙烯（PE）土工膜防渗工程技术规范》SL/T 231 的要求。

4.6.8 填料层的施工应符合下列规定：

1 填料层应按设计要求的级配敷设。

2 填料层铺装填料时，应均匀轻撒，严禁倾倒。

4.6.9 种植土和植物种植的施工应符合现行行业标准《园林绿化工程施工及验收规范》CJJ 82 的规定。

4.6.10 进水管（渠）和出水管（渠）的施工应符合现行国家标准《给水排水构筑物工程施工及验收规范》GB 50141、《给水排水管道工程施工及验收规范》GB 50268 的要求。

Ⅱ 验 收

主控项目

4.6.11 雨水潜流湿地构造形式应满足设计要求,使用的种植土和填料不产生污染,不应导致周边次生灾害发生。

检查方法:检查产品质量合格证明书、各项性能检验报告、进场验收记录。

检查数量:全数检查。

4.6.12 砌筑水泥砂浆强度、结构混凝土强度应满足设计要求。

检查方法:检查水泥砂浆强度、混凝土强度报告。

检查数量:每 50 m³ 砌体或混凝土每浇筑 l 个台班 1 组试块。

4.6.13 填料层的材质和级配应满足设计要求。

检查方法:检查试验报告。

检查数量:每 200 m³ 填料做 1 个试验。

一般项目

4.6.14 雨水潜流湿地内的植物选配应满足设计要求。

检查方法:核对图纸,观察检查。

检查数量:全数检查。

Ⅲ 运行维护

4.6.15 雨水潜流湿地的日常巡视和定期检查对象应包含进水渠、进水管/配水设施、植物、种植土、滤料、出水管/集水设施、出水渠(图 4.6.15)。

4.6.16 雨水潜流湿地的日常巡视内容应包括:

1 进水渠、进水管/配水设施、出水管/集水设施、出水渠是否完好,是否出现堵塞或淤积现象。

2 雨水潜流湿地内是否存在垃圾杂物。

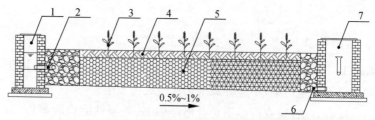

1—进水渠；2—进水管/配水设施；3—植物；4—种植土；
5—滤料；6—出水管/集水设施；7—出水渠

图 4.6.15 潜流人工湿地示意

3 雨水潜流湿地内植物生长及养护状况，是否存在病虫害、入侵物种、土壤裸露，植物覆盖率是否满足设计要求等。

4.6.17 雨水潜流湿地汛期的定期检查内容应包括：

1 进水渠、出水渠是否有破损，是否存在杂物堵塞等不畅现象。

2 降雨前后应检查阀门、泵、控制系统等配套设备运行是否正常。

3 出水水质检测。

4 种植土厚度是否有明显减少。

4.6.18 雨水潜流湿地的维护内容应包括：

1 进水渠、进水管（配水设施）、出水渠及出水管（集水设施）的修补、疏通。

2 进出水阀门的维护。

3 当设施出水水质不符合设计要求时，应查明原因，并进行相应的维护或大修。

4 植物应按照现行行业标准《园林绿化养护标准》CJJ/T 287 进行养护。

4.6.19 汛期，雨水潜流湿地定期检查频率应根据降雨规律合理确定，但不应少于每月 2 次。

4.7 调节塘

Ⅰ 施 工

4.7.1 调节塘分项工程宜包括土方开挖、进水排水设施、堤岸、填料层、土工布、种植土、边坡和植物等。

4.7.2 调节塘所使用的设备材料应满足设计要求,并应提供产品合格证书和检测报告;进场前应按设计要求进行核查,并应经监理工程师或建设单位代表检查认可,且形成相应的质量记录。

4.7.3 调节塘施工前,应对进水口、前置塘、主塘、溢流出水口、挡水堤等构成部分平面位置控制桩及高程控制桩进行复核,确认无误后方可施工。

4.7.4 土方的开挖、支护方式应根据施工地质条件、周围环境进行经济技术比较,确保施工安全,不应造成次生灾害。

4.7.5 调节塘应按施工工序进行施工(图 4.7.5)。

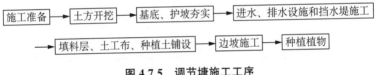

图 4.7.5 调节塘施工工序

4.7.6 土方开挖应符合下列规定:

1 开挖时基坑应采用合适的支护方式。开挖范围应控制在设计范围内,不得损坏或干扰附近建筑物。

2 采用机械开挖时,基底和边坡应控制不少于 150 mm 的距离,由人工挖至设计标高和边坡坡度;局部出现超挖,必须按设计要求进行处理。

3 基底应进行平整并按设计要求进行压实,不得对原状土的渗透性造成影响。边坡须进行夯实或加固处理,防止倒塌。处理后的基底和边坡表面应平整光滑,没有建筑垃圾、尖锐物、突然的高度变化、裂缝、空鼓等情况。

　　4 土方开挖至设计高程后应由建设单位会同设计、勘察、施工、监理单位共同验槽;发现岩、土质与勘察报告不符或有其他异常情况时,由建设单位会同上述单位研究处理措施。

4.7.7 进水、排水设施和挡水堤施工应符合下列规定:

　　1 进水管的高程应符合设计要求,进水口处的消能碎石应摆放整齐,厚度、面积应符合设计要求。

　　2 前置塘底部沉淀区混凝土、浆砌块石以及挡水堤的施工应满足现行国家标准《混凝土结构工程施工质量验收规范》GB 50204 的规定。

　　3 挡水堤的基础、堤身以及排水管道与挡水堤之间应密实、不渗水。

　　4 溢洪道的高程、断面、坡度等应符合设计要求,并保证调蓄空间。

　　5 配水石笼的基底土质及其密实度应符合设计要求,现场地基土质较差时,应另做地基处理。

　　6 溢流竖管、排放管和放空管的高程、断面、坡度应符合设计要求。

　　7 进水、排水设施的施工还应符合现行国家标准《给水排水管道工程施工及验收规范》GB 50268 的要求。

4.7.8 填料层铺设应符合本标准第 4.6.8 条的相关规定。

4.7.9 种植土、边坡、植物种植的施工应符合现行行业标准《园林绿化工程施工及验收规范》CJJ 82 的有关规定。

4.7.10 护栏、警示牌及防护等设施位置应醒目、安装牢固。

Ⅱ 验 收

主控项目

4.7.11 调节塘的前置塘和主塘的面积、深度及进水口与溢流设施高程应符合设计要求,允许偏差应符合表 4.7.11 的规定。

表 4.7.11　调节塘主控项目允许偏差

序号	项目	允许偏差	检查方法
1	平面尺寸	满足设计要求	用钢尺测量,坑底、坑顶各 4 点
2	前置塘、主塘底标高	±20 mm	5 m×5 m 方格网挂线尺量
3	塘底平整度	±20 mm	用 2 m 靠尺、塞尺测量
4	进水口标高	±5 mm	用水准仪测量
5	溢流设施标高	±5 mm	用水准仪测量

注:塘底高程测量以及塘底表面平整度测量时,每 25 m^2 至少取 1 个点。

4.7.12　调节塘构造形式应满足设计要求,使用的种植土和渗滤材料不应污染水源,不应导致周边次生灾害发生。

检查方法:观察检查,尺量检查,检查出厂合格证和质量检验报告。

检查数量:全数检查。

4.7.13　蓄水区水量排空时间应符合设计要求。

检查方法:灌水试验或实际降雨观察计时。

检查数量:全数检查。

一般项目

4.7.14　调节塘边坡形式及坡度应符合设计要求。

检查方法:观察检查,尺量检查。

检查数量:每个边坡 1 次。

4.7.15　溢流出水口的结构型式应按设计要求施工。

检查方法:尺量检查。

检查数量:全数检查。

4.7.16　砌筑结构应灰浆饱满、无通缝。

检查方法:观察检查。

检查数量:全数检查。

Ⅲ 运行维护

4.7.17 调节塘的日常巡视和定期检查对象应包含进水口、消能截污装置、前置塘、台坎/挡流堰、主塘、底部放空装置、溢流管等（图 4.7.17）。日常维护的频率不应少于每月 1 次。

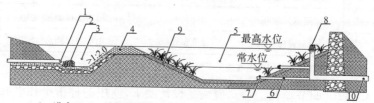

1—进水口;2—消能截污装置;3—前置塘;4—台坎/挡流堰;5—主塘;
6—排空管;7—阀门;8—溢流管;9—种植土;10—出水管

图 4.7.17 调节塘剖面示意

4.7.18 调节塘的日常巡视应包括下列内容：

1 进水口是否堵塞，结构是否受损、塌陷，边坡或底部是否受到冲刷侵蚀。

2 消能截污装置是否存有垃圾、杂物、沉积物，结构是否破损、沉降。

3 调节塘是否存有垃圾、杂物，塘体是否破损存在安全隐患。

4 溢流堰体/台坎结构是否破损，堰体/台坎前设计置溢流口的，应检查溢流口是否堵塞。

5 植物是否缺失，是否存在水土流失，塘体内植物是否需要修剪、清理、补种。

6 排空管是否堵塞，阀门是否启闭正常，出水管是否堵塞，溢流管入口是否堵塞，阀门井井盖是否完好。

4.7.19 汛期，应根据降雨频次合理增加定期检查频率，每月至少 2 次，并应包括下列内容：

1 进水口是否有淤堵、破损、塌陷。

2 各级塘体结构、边坡是否塌陷。

3 蓄水区水量排空时间是否超过设计要求。

4 安全警示设施或防护设施是否完好。

4.7.20 调节塘的维护应包含下列内容：

1 入水口的清理、疏通。

2 入水口主体结构的修复。

3 消能装置的补充修整。

4 前置塘的清淤、塘体修复和植物修剪。

5 主塘体的清淤，塘体结构修补，植物修整。

6 排水管、阀门、放水管的清理、疏通、更换。

4.8 渗 渠

Ⅰ 施 工

4.8.1 渗渠分项工程宜包括土（石）方工程、透水土工布层、砾石层、穿孔管埋设、透水砖层/透水混凝土层、盖板安装等。

4.8.2 渗渠所用成品及原材料应符合设计要求及国家现行相关标准规定，并应具有相应的质保证明资料及进场复试报告。

4.8.3 沟槽挖开应控制沟底标高，当开挖距沟底剩 20 cm 时，宜采用人工铲土清底。

4.8.4 沟底基土及特性与设计不符时，应按设计要求进行换填。

4.8.5 沟槽内张铺透水土工布时，应留 1.5％的余幅；透水土工布张铺宜采用缝纫方式，当采用焊接或胶粘时，其搭接宽度不应小于 200 mm。

4.8.6 穿孔管外包透水土工布埋于透水基层，其排水坡度应满足设计要求。

4.8.7 砾石层应平整密实。

4.8.8 沟盖板应安装平整、牢固，盖板承压强度应符合设计要求。

4.8.9 渗渠四周土方应每 30 cm 分层回填，回填土料、透水性能、密实度应满足设计要求。

Ⅱ 验 收

主控项目

4.8.10 渗渠所用成品及原材料的外观、品种、规格、性能等均应符合设计要求和国家现行相关标准规定。

检查方法：检查产品出厂质量合格证明、型式检验报告及进场复试报告。

检查数量：按取样要求送检。

4.8.11 透水混凝土的强度、连续孔隙率、渗透系数应满足设计要求。

检查方法：检查检测报告。

检查数量：按每 1 台班、每 100 m³ 混凝土 1 组试块取样送检。

4.8.12 无砂混凝土渗渠的孔隙率应满足设计要求，当设计无要求时，其孔隙率应大于 20%。

检查方法：检查检测报告。

检查数量：按每 1 台班、每 100 m³ 混凝土 1 组试块取样送检。

4.8.13 渗渠的排水坡度应满足设计要求。

检查方法：水准仪、拉线和尺量检查。

检查数量：全数检查。

一般项目

4.8.14 滤料组成的渗透体应平顺、饱满。

检查方法：观察检查，尺量检查。

检查数量：≥80% 覆盖率。

4.8.15 渗渠表面应平整、密实，无反坡，渠内无杂物。

检查方法：观察检查，尺量检查。

检查数量：≥80% 覆盖率。

4.8.16 透水土工布宜采用缝纫方式连接，当采用焊接或胶粘方式连接时，其搭接宽度不应小于 150 mm，且不宜大于 250 mm。

检查方法：尺量检查。

检查数量：≥80%覆盖率。

4.8.17 渗渠的坐标、位置、渠底标高允许偏差值应符合表 4.8.17 的规定。

表 4.8.17 渗渠允许偏差

项目	允许偏差	检验频率		检查方法
		范围	点数	
渗渠轴线(mm)	≤15	每 10 m	1	用经纬仪测量
渗渠标高(mm)	±10	每 10 m	1	用水准仪测量
渗渠排水坡度	不低于设计要求	全长	1	用水准仪测量
渗渠断面尺寸(mm)	不低于设计要求	每 10 m	1	用钢尺量
渗渠盖板断面尺寸(mm)	不低于设计要求	每 10 m	1	用钢尺量

Ⅲ 运行维护

4.8.18 渗渠的日常巡视和定期检查对象包括预处理设施、盖板、渠、透水土工布、砾石和覆土层(图 4.8.18)。

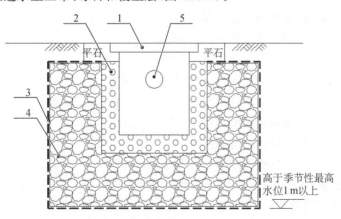

1—盖板；2—透水砖层/透水混凝土层；3—透水土工布；4—砾石；5—溢流管

图 4.8.18 渗渠典型构造示意

4.8.19 渗渠的日常巡视不应少于每月 1 次,且应包括下列内容:

    1 渗渠盖板、透水材料、砾石层是否塌陷、错位。

    2 渗渠是否有垃圾、杂物,是否堵塞。

    3 拦污等预处理装置淤积是否超过设计允许范围。

    4 渗渠盖板是否翘动、缺损、断裂、露筋。

4.8.20 非汛期,应在汛期前一周对渗渠进行定期检查,并应包括下列内容:

    1 渗渠汇水区内是否有粘附物、污染物。

    2 渗渠是否通畅。

    3 溢流管是否通畅。

4.8.21 汛期,渗渠定期检查频次应根据当地降雨规律合理确定,但每月不少于 2 次,并应包括下列内容:

    1 降雨 24 h 后内部是否有积水。

    2 渗渠盖板是否塌陷。

    3 设施内部是否有垃圾或沉积物。

    4 溢流口是否有垃圾等杂物堵塞。

4.8.22 渗渠的维护应包括下列内容:

    1 定期对渗渠进行清淤、疏通。

    2 拦污等预处理装置的垃圾清理。

    3 溢流口的清理、溢流管的清淤、疏通。

    4 当渗渠表面出现低凹时,应替换表层土及砾石层和土工布,并检查渗渠设施基础空洞、塌陷等问题。

    5 砾石层的冲洗或更换。

    6 渗渠的坡度应满足原设计排水的要求。

4.8.23 经以上措施维护后,设施功能依然无法达到设计要求时,应大修或重建。

4.9 雨水罐

Ⅰ 施 工

4.9.1 雨水罐的分项工程宜包括土方、基础、设备安装、管道及配件安装等。

4.9.2 雨水罐的安装可采用地上安置或地下埋设,施工前,应对雨水罐平面位置及安装高程进行复核,确认无误后方可施工。

4.9.3 雨水罐安装前应做满水试验,试验合格后方可安装。

4.9.4 雨水罐应按产品要求进行安装,安置时应固定牢靠;雨水罐不宜设置在阳光直射的地方,并应采取防止误接、误用、误饮的措施。

4.9.5 雨水罐采用埋地式施工时,应确保基坑安全放坡、尺寸准确,基坑承载力达到设计要求;基坑回填应分层填筑、对称施工,回填密实度应达到设计要求,回填前应进行雨水罐安装隐蔽验收。

Ⅱ 验 收

主控项目

4.9.6 雨水罐的质量应符合国家现行有关标准的规定,规格应达到设计要求,进出口拦截设施应正确设置。

检查方法:检查产品质量合格证明书、各项性能检验报告、现场观察。

检查数量:全数检查。

4.9.7 雨水罐的基础做法应达到设计要求。

检查方法:检查施工隐蔽验收记录。

检查数量:全数检查。

4.9.8 具有缓释净化功能的雨水罐的缓释排水流量应达到设计要求。

检查方法:秒表计时,称重法测量。

检查数量:每 50 台设备随机抽样检测 1 台。

4.9.9 雨水罐地面周边的防护装置和安全警示标志应达到设计要求。

检查方法:图纸核对。

检查数量:全数检查。

4.9.10 进、出水管接口应严密,无渗漏。

检查方法:蓄水观察。

检查数量:全数检查。

一般项目

4.9.11 雨水罐的允许偏差应符合表 4.9.11 的规定。

表 4.9.11 雨水罐的允许偏差

项目		允许偏差	检验频率		检查方法
			范围	点数	
轴线偏位(mm)		≤5	每座	2	用经纬仪和钢尺测量,纵、横各 1 点
底高程(mm)		±5	每座	1	用水准仪测量
垂直度 (mm)	H≤5 m	±5	每座	1	用垂线配合钢尺测量
	H>5 m	±8	每座	1	

注:H 为雨水罐高度。

Ⅲ 运行维护

4.9.12 雨水罐的日常巡视和定期检查对象应包括雨水罐防护盖、过滤装置、进水管、进水阀门、雨水罐体、溢流管、排水管和排水阀门(图 4.9.12)。

4.9.13 雨水罐的日常巡视应包括下列内容:

1 雨水罐防护盖和防误接、误用、误饮等警示标识等是否保持完整。

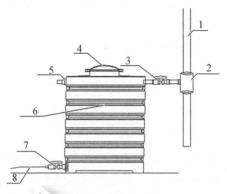

1—雨水立管；2—过滤装置；3—进水阀门；4—雨水罐防护盖；
5—溢流管；6—雨水罐体；7—排水（放空）阀门；8—排水管

图 4.9.12 典型雨水罐构造示意

   2 雨水罐各组成部件是否有明显损坏。

   3 雨水罐是否封闭良好，应禁止攀爬。

   4 雨水罐内水质是否异常。

4.9.14 雨水罐的定期检查应包括下列内容：

   1 检查雨水罐与其连接管的连接部位是否松开。

   2 阀门或排水口是否损坏。

   3 过滤装置、进水管、出水管、溢流管是否存在堵塞或淤积。

   4 雨水罐内部是否有垃圾、沉积物、附着物等。

4.9.15 雨水罐的维护应包括：

   1 雨水罐防护盖以及防误接、误用、误饮等警示标识损坏或缺失时，应及时进行修复。

   2 过滤装置、进水管、出水管、溢流管存在堵塞或淤积时，应及时更换或清理。

   3 应根据雨水罐材质类型做好防护措施，塑料材质应防紫外线长时间照射；陶瓷材质应在周边做好防撞护栏；金属材质应根据需要定期刷防腐涂料。

4 在冬季气温降至 0 ℃前,应将雨水罐及其连接管路中留存雨水放空,以免受冻损坏。

5 罐体淤积严重时应清洗。

4.10 延时调节设施

Ⅰ 施 工

4.10.1 延时调节设施的分项工程宜包括土方、蓄水设施、基础、混凝土结构、砌体结构、设备安装、管道及配件安装等。

4.10.2 工程采用的材料和设备的品种、规格、性能等应符合国家现行相关产品标准和设计规定,达到设计使用年限的要求,并应提供产品合格证书和检测报告;材料进场后,应按规定抽样复验,提出实验报告。

4.10.3 延时调节设施及其附属设施应便于清理和运行管理,宜采用能自动运行,不需外部动力驱动的装置。

4.10.4 延时调节设施施工前应根据设计要求,复核与延时调节设施连接的有关管道、控制点和水准点,确认无误后方可施工。延时调节设施进水、排水方向、高程应与上下游市政管道或排水设施相协调。

4.10.5 施工时应采取相应的技术措施,合理安排施工顺序,不应影响新、旧管道、建(构)筑物结构安全、运行功能。

4.10.6 蓄水设施的施工及验收应符合现行国家标准《给水排水构筑物施工及验收规范》GB 50141 的有关规定,施工完毕后应进行满水试验,试验合格后方可继续安装。

4.10.7 进水管、排水管的施工应符合下列要求:

1 进水管的高程、排水管道预埋位置应符合设计要求,进水口处的消能碎石应摆放整齐,厚度、面积应符合设计要求。接缝、止水措施应符合设计要求。

2 进水管、排水管的施工应符合现行国家标准《给水排水构筑物工程施工及验收规范》GB 50141、《给水排水管道工程施工及验收规范》GB 50268 的要求。

4.10.8 延时调节设施的位置、构造及技术要求应满足设计要求。

4.10.9 缓释、排污装置应固定牢靠,安装水平度、连接口密封措施应达到设计要求。

Ⅱ 验 收

主控项目

4.10.10 所有材料、产品的质量应符合国家有关标准的规定。

检查方法:检查产品质量合格证明书、各项性能检验报告。

检查数量:全数检查。

4.10.11 缓释、排污装置的流量应达到设计要求。

检查方法:检查产品质量合格证明书、各项性能检验报告。

检查数量:全数检查。

4.10.12 进水管、出水管、排污管不应倒坡。

检查方法:水准仪测量,观察检查。

检查数量:全数检查。

4.10.13 蓄水设施满水试验应符合现行国家标准《给水排水构筑物施工及验收规范》GB 50141 的有关规定。

4.10.14 延时调节设施施工的允许偏差应符合表 4.10.14 的规定。

表 4.10.14 延时调节设施允许偏差

项目	允许偏差	检测频率		检查方法
		范围	点数	
溢流保护高度	不低于设计要求	每座	2	用水准仪、钢尺测量
蓄水设施底坡度	不低于设计要求	每座	2	用水准仪测量
蓄水区水量排空时间	±5%	每座	1	用钢尺、秒表测量

4.10.15 管道内应平整、无杂物、油污；管道无明显渗水、水珠凝结现象。

检查方法：观察检查。

检查数量：全数检查。

4.10.16 砌筑结构应灰浆饱满、无通缝；混凝土结构物不应有质量缺陷，井室无渗水、水珠凝结现象。

检查方法：观察检查。

检查数量：全数检查。

4.10.17 透水土工布隔离层规格应达到设计要求，设计未明确时，单位面积质量为 200 g/m² ～300 g/m²，土工布搭接宽度不应少于 150 mm。

检查方法：检查出场合格证，尺量检查。

检查数量：全数检查。

4.10.18 隔离层采用砂层时，厚度允许偏差为±10 mm。

检查方法：尺量检查。

检查数量：全数检查。

4.10.19 井盖、座规格应达到设计要求，安装稳固。

检查方法：观察检查。

检查数量：全数检查。

Ⅲ 运行维护

4.10.20 延时调节设施的日常巡视对象应包括进水通道、截污挂篮、防坠网；定期检查对象应包括溢流管、缓释装置、缓释出水管、排污管、储水空间(图 4.10.20)。

4.10.21 日常巡视每周不应少于 1 次；定期检查在汛期前、后应至少各进行 1 次，汛期中应根据降雨频次和降雨量增加检查频次，且不少于每月 1 次。

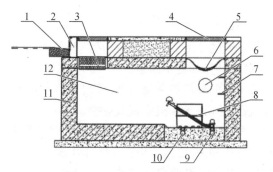

1—进水通道；2—雨水箅；3—截污挂篮；4—井盖；5—防坠网；6—溢流管；7—扶梯；
8—缓释控污设施；9—缓释出水管；10—排污管；11—池壁；12—储水空间

图 4.10.20 延时调节池示意

4.10.22 日常巡视应包括下列内容：

    1 进水通道是否堵塞，是否塌陷、破损。

    2 雨水箅是否缺失、损坏。

    3 截污挂篮是否破损，是否有垃圾，是否杂物堆积堵塞，安装位置是否偏移。

    4 井盖链条和锁具是否缺损。

    5 防坠网是否缺失、破损，是否存有垃圾、杂物。

4.10.23 定期检查应包括下列内容：

    1 溢流管有无淤积，排水是否通畅。

    2 缓释出水是否通畅，流量是否稳定，是否淤积。

    3 排污管出水是否通畅，是否淤积。

    4 池内管口和流槽是否破损。

    5 池壁混凝土有无剥落、裂缝、腐蚀。

    6 池底沉积物有无影响设置运行。

    7 内部管道、设施有无松脱、位移或变形。

4.10.24 延时调节设施的维护应包括下列内容，频率应根据日常巡视和定期检查发现的异常情况确定：

    1 进水通道的清淤和疏通；发生塌陷或破损的进水通道的

修复和修整。

2 井盖及雨水箅养护、更换。

3 截污挂篮的垃圾清理,破损截污挂篮的修理或更换,安装位置偏移的截污挂篮的复位固定。

4 防坠网上的垃圾和杂物清理,破损更换或修理。

5 井盖链条和锁具缺损修理或更换。

6 池壁混凝土出现严重剥落、裂缝、腐蚀时的修复。

7 池底沉积物的清理,不应少于每年 1 次。

8 池内破损管口和流槽的修复。

9 缓释装置松脱、位移或变形时的紧固、复位或修整。

4.11 初期雨水弃流设施

Ⅰ 施 工

4.11.1 初期雨水弃流设施的分项工程宜包括土方、设备安装、管道及配件安装等。

4.11.2 初期雨水弃流设施的土方、管道工程施工,应符合现行国家标准《给水排水管道工程施工及验收规范》GB 50268、《给水排水构筑物工程施工及验收规范》GB 50141、《建筑给水排水及采暖工程施工质量验收规范》GB 50242 的有关规定。

4.11.3 弃流设施的安装应制定相应的施工流程,宜采用(图 4.11.3)所示流程。

基坑开挖 ➡ 基坑地基处理 ➡ 安装弃流设施 ➡ 安装管道 ➡ 回填

图 4.11.3 初期雨水弃流设施施工工序

4.11.4 弃流设施的安装应符合下列规定:

1 地基处理应符合现行国家标准《建筑地基工程施工质量验收标准》GB 50202 的有关规定,并应根据地质勘探报告和设计荷载计算设置相应厚度的钢筋混凝土或素混凝土基础。

2 弃流设施的安装必须严格按照供应商产品规定的施工工艺执行。

3 在地下水位较高或汛期施工期间,在管道安装完成(尚未进行满水试验)时,应采取防止设施上浮的技术措施。

4.11.5 回填料的回填、夯实应符合下列规定:

1 回填材料应符合设计要求,回填土中不应含有淤泥、腐殖土、有机物、砖、石、木块、金属等杂物。

2 围绕弃流设施外壁的回填材料应均匀分布到外壁的所有侧面,应防止由于回填料分布不均,导致外壁某一侧承受过度压力,发生破损,回填时设施应无损伤、沉降、位移、变形。

3 回填料回填时必须进行分层夯实处理,回填土压实度应大于或等于90%或按设计要求。

4 宜采用不会发生振动的小型碾压机进行夯实。

4.11.6 弃流设施进出水管道的敷设应符合下列规定:

1 埋地管道的覆土深度,应根据土壤冰冻线深度、车辆荷载、管道材质及管道交叉等因素确定。管顶最小覆土深度不得小于土壤冰冻线以下0.15 m,车行道下的管顶覆土深度不得小于0.7 m。

2 埋地管道管沟的沟底应采用原土层,或夯实的回填土,沟底应平整,不得有凸出的尖硬物体,管道上部500 mm内,不得回填直径大于100 mm的块石;500 mm以上部分,不得集中回填块石。

3 弃流设施的进出水管与设施连接时应采用专用配件。

Ⅱ 验 收

主控项目

4.11.7 弃流设施和进出水管道在回填土之前应进行无压力管道严密性试验,并应符合现行国家标准《给水排水管道工程施工及验收规范》GB 50268的有关规定。

检查方法:观察检查。

检查数量:全数检查。

4.11.8 弃流设施的性能、规格、安装位置,应符合下列规定:

1 设备铭牌、型号、规格应与设计相符。

2 外壳、外观应无损伤或变形。

3 浮球、控制杆应无裂纹或伤痕。

4 附件应齐全、完好。

检查方法:图纸核对,观察检查。

检查数量:全数检查。

一般项目

4.11.9 初期雨水弃流设施竣工验收前应进行设备调试,应确保设备安全正常运行。

检查方法:检查调试记录。

检查数量:全数检查。

4.11.10 通过竣工验收的初期雨水弃流设施在交付运行管理单位时,系统供应商应提供工程使用说明文件。

检查方法:检查相关资料。

检查数量:全数检查。

Ⅲ 运行维护

4.11.11 初期雨水弃流设施的定期检查对象应包括进水管、出水管、弃流管、设施结构、滤网、机械设备(图4.11.11)。

4.11.12 初期雨水弃流设施的定期检查应包括下列内容:

1 进水管、出水管和雨水弃流管是否堵塞。

2 设施结构是否完好。

3 滤网是否有垃圾。

4 设施底部是否有淤积。

5 机电设备是否有故障。

6 机械类雨水弃流设施的构配件是否正常运作。

7 电子监测仪表与对应设备的联动是否正常。

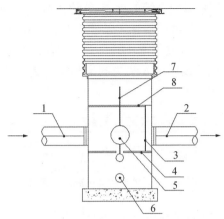

1—进水管;2—出水管;3—滤网;4—挡板;5—浮球;
6—弃流管;7—控制杆;8—控制板

图 4.11.11　初期雨水弃流设施示意

4.11.13 初期雨水弃流设施的维护应包括下列内容：

1 进水管、出水管和雨水弃流管的清淤、修补、更换。

2 设施结构的修补、更换。

3 弃流设施内部的截污滤网的清理。

4 设施底部的清淤。

5 机电设备的修理、更换。

6 关键配件的修补、更换。

7 电子监测设备的维修、更换。

8 垃圾、杂物的清理、外运。

4.12　浅层调蓄设施

Ⅰ　施　工

4.12.1 浅层调蓄设施分项工程包括土方、模块安装、管道及辅助设施安装等。

4.12.2 浅层调蓄设施系统的土方、管道工程施工,应符合现行国家标准《给水排水管道工程施工及验收规范》GB 50268、《给水排水构筑物工程施工验收规范》GB 50141 的有关规定。

4.12.3 浅层调蓄设施的安装应制定相应的施工流程,宜采用图4.12.3 所示流程。

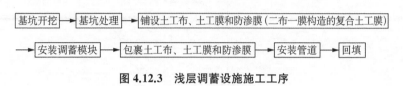

图 4.12.3　浅层调蓄设施施工工序

4.12.4 材料现场堆放应符合下列规定:

1 放置位置应地势较高、坚实和平坦。

2 放置位置应便于运输、装卸和调蓄模块施工。

3 应按规格型号堆放,并设立标牌。

4 堆放高度不应超过 3.0 m。

5 堆放好之后,应覆盖隔水材料防水,并应采取固定措施。

4.12.5 土方开挖应符合下列规定:

1 开挖前,应确认并标识地下管线位置,确认无误后方可施工。

2 沟槽开挖位置、长度、宽度及深度应达到设计要求,开挖时,调蓄模块与沟槽壁之间的间隙不应小于 100 mm。

3 雨水口、集水井、渗透井等雨水收集措施开挖的位置、深度及大小应达到设计要求。

4 不应超挖,超挖部分不应使用原土回填。

4.12.6 基坑处理应符合下列规定:

1 沟槽底部夯实度不应低于 90%。

2 沟槽底部夯实之后,宜选用 30 mm～50 mm 厚、粒径0.3 mm～0.5 mm 的中粗砂进行找平。

3 道路侧分带布置调蓄模块时,靠近机动车道一侧应采取防渗措施。

4 距离建筑不超过 3.0 m 时,应采取防渗措施,防止对建筑基础造成侵蚀破坏。

5 在开挖深度超过地下水位深度的区域,沟槽底部和两侧应采取防渗措施。

6 基坑处理结束后,应立即进行下一工序的施工。

4.12.7 调蓄模块铺装应符合下列规定:

1 应轻拿轻放,不应撕扯、踩踏或挤压。

2 应沿沟槽中心线摆放,铺设方向应达到设计要求。

3 模块应紧密贴合,顶部高差不应大于 10 mm。

4 带管道的调蓄模块在施工时,应先连接导水管与前端雨水收集措施,再进行剩余调蓄模块的铺装。

5 铺装完毕并经检验合格后,方可开展下一工序的施工。

4.12.8 管道及辅助设施施工应符合下列规定:

1 雨水口、集水井、渗透井等雨水收集措施施工应达到设计要求。

2 进水管、溢流管应先用管堵封口,并应按图纸设计施工。

4.12.9 覆土回填应符合下列规定:

1 调蓄模块与沟槽之间的间隙应采用浸湿砂土回填夯实,砂土粒径不应小于 0.25 mm。

2 上方回填土中不应夹有大块砖、石块等带棱角的硬物。

3 回填料回填时必须进行分层夯实处理。

4 回填后,应使用手扶轻型压路机压实,夯实度不应小于 90%。

5 植物种植区域,调蓄模块上部可直接铺设种植土,浇水待种植土结构稳定之后再进行绿化施工。

6 调蓄模块布置在人行道下方,调蓄模块与路面结构层之间应使用粗砂和碎石回填夯实,不应使用原土回填。

Ⅱ　验　收

主控项目

4.12.10　浅层调蓄设施进水管道、溢流管道在回填土前应进行无压力管道严密性试验,并应符合现行国家标准《给水排水管道工程施工及验收规范》GB 50268 的有关规定。

　　检查方法:观察检查。

　　检验数量:全数检查。

4.12.11　验收时应检查集水井、截污装置尺寸和规格是否达到设计要求。

　　检查方法:观察检查,尺量检查。

　　检验数量:全数检查。

一般项目

4.12.12　进水管、溢流管、通气管管径、标高应达到设计要求。

　　检查方法:观察检查,图纸核对。

　　检查数量:全数检查。

4.12.13　设施应表面平整,与绿化设施结合的部分,应达到园林绿化的设计要求。

　　检查方法:观察检查。

　　检查数量:全数检查。

Ⅲ　运行维护

4.12.14　浅层调蓄设施的日常巡视和定期检查对象应包括集水井、截污装置、进水管、调蓄模块、通气管、覆土层(种植层)和调蓄体模块(图 4.12.14)。

4.12.15　浅层调蓄设施的日常巡视应包括下列内容:

　1　集水井雨水口和截污挂篮是否有垃圾堆积。

　2　截污装置是否损坏。

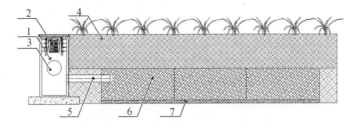

1—集水井;2—截污挂篮;3—溢流口;4—覆土层(种植层);
5—进水管;6—调蓄模块;7—找平层

图 4.12.14 浅层调蓄设施结构示意

3 通气管是否堵塞。

4 覆土层(植被层)是否塌陷。

4.12.16 浅层调蓄设施的定期检查应包括下列内容:

1 集水井内进水口、出水口、溢流口是否堵塞。

2 集水井内是否存在积泥。

3 通气管是否堵塞。

4 植被层内是否有垃圾、杂物堆积。

4.12.17 浅层调蓄设施的维护应包括下列内容:

1 进水口、截污挂篮、进水管管口、溢流口的垃圾清除。

2 集水井内沉泥清掏。

3 及时清理通气管,通气管出现损坏时,应及时进行修复或更换。

4.13 雨水口过滤装置

Ⅰ 施 工

4.13.1 安装前应在安装现场设置围护设施、安装铭牌及警示标识。

4.13.2 雨水口过滤装置的安装作业流程如图 4.13.2 所示。

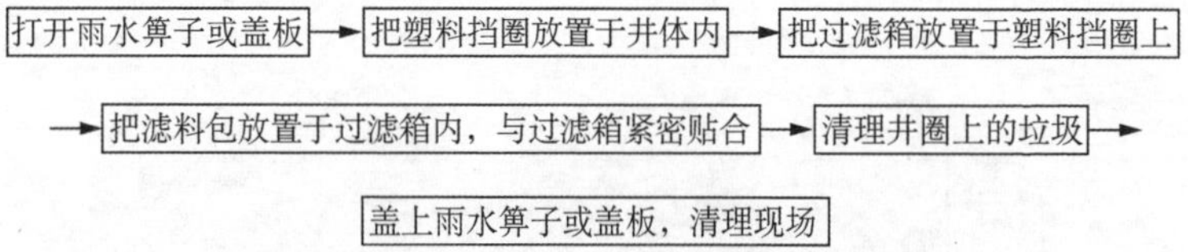

```
┌─────────────────┐    ┌──────────────────┐    ┌────────────────────┐
│打开雨水箅子或盖板│───▶│把塑料挡圈放置于井体内│───▶│把过滤箱放置于塑料挡圈上│
└─────────────────┘    └──────────────────┘    └────────────────────┘
     ┌──────────────────────────────┐    ┌──────────────┐
 ───▶│把滤料包放置于过滤箱内,与过滤箱紧密贴合│───▶│清理井圈上的垃圾│───▶
     └──────────────────────────────┘    └──────────────┘
         ┌────────────────────────┐
         │盖上雨水箅子或盖板,清理现场│
         └────────────────────────┘
```

图 4.13.2 雨水口过滤装置安装作业流程

Ⅱ 验 收

主控项目

4.13.3 雨水口过水能力的验收。

检查方法:观察检查。

检查数量:全数检查。

一般项目

4.13.4 雨水口过滤装置的安装符合设计和厂家要求,且安装文件齐全。

检查方法:观察检查,安装文件和安装说明书核对。

检查数量:全数检查。

4.13.5 雨水口过滤装置应完整无损,干净整洁。

检查方法:观察检查。

检查数量:全数检查。

Ⅲ 运行维护

4.13.6 雨水口过滤装置的日常巡视和维护对象应包括塑料挡圈、过滤箱和滤料包。

4.13.7 日常巡视和维护的频次应根据雨水口巡视频次、降雨情况和实际污染物量等因素确定,汛期应增加维护频次。暴雨积水后,应对雨水口过滤装置进行巡视和维护。

4.13.8 日常巡视应检查塑料挡圈和过滤箱是否完好,过滤包是否缺失、破损和堵塞。

4.13.9 维护应包括下列内容：

1 清理截留的垃圾。

2 若滤料包出现缺失或破损,应进行补充或更换。

3 更换破损的塑料挡圈和过滤箱。

4.14　雨水立管断接

Ⅰ　施　工

4.14.1 雨水立管断接应符合下列规定：

1 管道工程安装及验收应符合现行国家标准《建筑给水排水及采暖工程施工质量验收规范》GB 50242 的要求。

2 雨水立管断接应按照规范及设计要求做好外墙防渗和保温措施。

3 雨水立管断接与下游接收设施衔接的施工,应符合下列规定：

1) 雨水立管断接应按设计要求设置消能措施;

2) 应通过高程控制将断接后的雨水引入海绵城市设施。

Ⅱ　验　收

主控项目

4.14.2 断接后的雨水应能顺畅进入下游的海绵城市设施;验收应符合现行国家标准《建筑给水排水及采暖工程施工质量验收规范》GB 50242 的试验要求。

检查方法：观察检查。

检查数量：全数检查。

一般项目

4.14.3 雨水立管雨水立管管口下方的消能装置应符合设计要求。

检查方法:观察检查。

检查数量:全数检查。

4.14.4 雨水立管不漏水,颜色统一。

检查方法:观察检查。

检查数量:全数检查。

4.14.5 雨水立管位置和尺寸应符合设计要求。

检查方法:尺量检查。

检查数量:全数检查。

Ⅲ 运行维护

4.14.6 雨水立管断接日常巡视和维护对象包括雨水立管和消能装置。

4.14.7 雨水立管断接的日常巡视应至少每周 1 次,且应包括下列内容:

1 雨水立管是否出现破损等现象。

2 消能装置是否完好,是否冲蚀破坏。

4.14.8 雨水立管断接的维护应包括下列内容:

1 雨水立管的修复、替换。

2 消能装置的补充、修整。

5 设施监测

5.1 一般规定

5.1.1 海绵城市设施的监测应包括设施出水口的水质水量和调蓄设施的水位,宜包括设施进水口水质水量,可包括雨量计。

5.1.2 多指标水质监测宜采用人工采样方式,可采用自动采样方式。根据项目要求和相关标准,确定水质监测指标。

5.1.3 监测设备应检验合格,按合同规定安装,质量符合要求,方可进行合同完工验收。

5.1.4 验收前承建方应将完工报告、竣工图纸等有关资料报监理方,监理方同意后报建设方。

5.1.5 监测设备采用风能和太阳能供电时,应按厂家要求安装和维护供电设备;采用电池供电时,应定期检查电池电量,及时更换电池。

5.1.6 有远程数据传输功能的监测设备应定期检查 SIM 卡,及时更换 SIM 卡或充值续费。

5.2 翻斗式雨量计

Ⅰ 安 装

5.2.1 翻斗式雨量计的安装应符合下列规定:

    1 雨量计应固定在设备箱顶,设备箱应固定在混凝土基座上,混凝土基座应按设计要求施工。

    2 雨量计安装时,应用水平尺校正,使承雨器口处于水平状态。

3 信号输出电缆应固定在雨量计内的接线架上。

4 接线后,调整调平螺帽,使计量组件处于水平状态。

5 用量筒模拟降雨进行测试。

6 套上筒身,用螺钉锁紧固定。

7 将雨量计或者水位计等传感器与数据采集器连接。

8 雨量计安装完毕后应进行以下检查和设定:

　　1)通信终端天线是否连好,信号线屏蔽层应悬空;

　　2)终端机所有电源线是否连接正确;

　　3)打开终端机电源开关,对终端进行基本参数配置;

　　4)设定完毕后,退回到监控状态,检查雨量采集、定时报值、人工置数、数据通信等功能,确定传感器已正常工作。

9 安装结束后,应观察雨量计周边环境,并清除可能遮蔽雨量计的障碍物。

Ⅱ　验　收

主控项目

5.2.2 翻斗式雨量计的承雨器口距离地面不应低于 70 cm。

　　检查方法:尺量检查。

　　检查数量:全数检查。

5.2.3 翻斗式雨量计的测量值不大于 10 mm 时,最大允许误差应为±0.4 mm;降雨量测量值大于 10 mm 时的最大允许误差应为±4%;分辨力不应低于 0.2 mm。

　　检查方法:现场测试,可人工模拟 1.5 mm/min～2.5 mm/min 雨强向雨量计注入清水。

　　检查数量:全数检查。

一般项目

5.2.4 翻斗式雨量计的安装调试符合设计和厂家要求且资料齐全。

检查方法:检查验收文档。

检查数量:全数检查。

Ⅲ 运行维护

5.2.5 翻斗式雨量监测设备的定期检查和维护可包括雨量计电源、数据采集和传输情况。汛期和暴雨前后应进行检查,汛期中应至少每月检查1次。

5.2.6 翻斗式雨量监测设备的定期检查应包括下列内容:

    1 雨量计及配件的外观是否完好,有无异物遮挡。

    2 数据采集和传输是否正常。

    3 信号线与传感器和采集器的连接是否松动。

    4 计数翻斗转动翻斗是否转动灵活,有无异物。

    5 雨量计防堵罩和过滤网是否堵塞。

    6 出水口是否堵塞。

5.2.7 翻斗式雨量监测设备的维护应包括下列内容:

    1 雨量计数据采集和传输异常、供电异常情况排除。

    2 雨量计和配套元器件的维修、异物清理。

    4 信号线与传感器、采集器的接头紧固。

    5 计数翻斗转动接口异物清理。

    6 雨量计防堵罩和过滤网的清理。

    7 雨量计的校准和修复。

    8 出水口的清理。

5.3 液位监测设备

Ⅰ 安 装

5.3.1 液位监测设备安装应符合下列规定:

    1 传感器按厂家要求安装就位,并与终端箱内的变送器连接。

2 通过变送器参数设置及测试水位高度,对安装好的电子水尺或压力式水位计进行校准。

3 连接通信终端天线。

4 将终端箱与供电电源连接。

5 根据系统要求设定参数。

6 设定完毕后,退回到监控状态或值守状态。

7 检查液位采集等功能,确定传感器已正常工作。

8 通过修改时钟来检查定时报功能。

Ⅱ 验 收

主控项目

5.3.2 液位计测量值在 0~10 m 测量范围内,最大允许误差为±3 cm。

检查方法:现场测试,水尺测量。

检查数量:全数检查。

一般项目

5.3.3 液位监测设备的安装调试符合设计和厂家要求且资料齐全。

检查方法:检查验收文档。

检查数量:全数检查。

Ⅲ 运行维护

5.3.4 液位监测设备的定期检查和维护可包括采集箱、水位计传感器和数据传输情况。应至少每月检查 1 次。有数据管理平台的用户可根据数据情况确定检查频次。

5.3.5 液位监测设备的定期检查应包括下列内容:

1 终端箱的外观是否完好,是否被盗。

2 液位计传感器的外观是否完好,是否附着杂质或垃圾,有无漏水现象。

3 检查数据传输情况,是否液位监测无数据、数据不连续或波动异常。

4 检查在线监测仪表的零部件是否松动。

5.3.6 液位监测设备的维护应包括下列内容:

1 清理液位计传感器上附着的杂质或垃圾等,保证探头正常工作。

2 当出现液位监测无数据、监测数据不连续或波动大等异常情况时,查找原因并及时排除。

3 零部件的拧紧。

4 在线流量监测仪表故障的排除。

5 管网监测设备的校准。

6 垃圾、杂物的清理。

5.4 流量监测设备

Ⅰ 安 装

5.4.1 流量监测设备的安装应符合下列规定:

1 设备安装前,应确保所有连接件安装完成后再插电使用;设备拆除时应先断电,再拆卸其他组件。

2 设备初次插电后应先进行参数设置,具体设置方法见厂家说明书。

3 设置完成后,多普勒流量计应拔掉仓体间连接插件,将所有仓体固定在安装位置;薄壁堰流量计应安装在薄壁堰旁。

4 天线安装完毕后,应测试天线的信号强度,确保数据能正常传输。

5.4.2 多普勒流量传感器的安装应符合下列规定:

1 传感器应采用 L 型杆悬挂或套箍固定安装,当管道内有无法清除的积泥时,应安装在侧边;当没有积泥时,应安装在管道中心位置。

2 传感器安装时,超声波发射面宜正面、对准来水方向。

3 传感器应固定在传感基座上,基座应安装在可防止水流冲击的位置。

5.4.3 薄壁堰在线流量计的安装应符合下列规定:

1 安装时堰箱应水平放置,并宜使堰中心线与水流中线重合。

2 堰上游应采取消能稳流措施。

Ⅱ 验 收

主控项目

5.4.4 薄壁堰在线流量计的水位测量误差不应大于全量程的1%,测量分辨率不应大于 0.5 mm。

检查方法:现场测试,水尺测量。

检查数量:全数检查。

5.4.5 多普勒流量计的流速测量范围宜为-3 m/s~3 m/s,测量误差不应大于 2.5%。

检查方法:现场测试,采用率定过的便携式参比流速仪进行测量。

检查数量:全数检查。

一般项目

5.4.6 流量计监测的安装调试应符合设计和厂家要求且资料齐全。

检查方法:检查验收文档。

检查数量:全数检查。

Ⅲ 运行维护

5.4.7 流量监测设备的定期检查和维护可包括电池、传感器和数据传输等。应至少每月 1 次。有数据管理平台的用户可根据数据情况确定检查频次。

5.4.8 流量监测设备的定期检查应包括下列内容：

1 传感器表面是否附着垃圾和杂物，堰上是否有垃圾。

2 电池电量是否过低。

3 系统显示是否出现湿度报警，或干燥剂是否变色。

5.4.9 流量计监测设备的维护应包括下列内容：

1 清理多普勒传感器表面的垃圾和淤泥。

2 当系统显示出现低电量报警时，应及时更换电池。

3 当系统显示出现湿度报警或干燥剂变色时，应及时更换干燥剂。

4 应至少每年更换 1 次设备主体密封圈和电池。

5.5 悬浮物监测设备

Ⅰ 安 装

5.5.1 悬浮物监测设备的安装应符合下列规定：

1 设备安装前，应确保所有连接件安装完成后再插电使用；设备拆除时应先断电，再拆卸其他组件。

2 设备初次插电后应先进行参数设置，具体设置方法参照厂家说明书。

3 悬浮物传感器应安装于支架上，不应用传感器电缆将传感器悬挂在水中，传感器宜固定在水面下不小于 30 cm 的深度或取样深度。

4 天线安装完毕后，应测试天线的信号强度，确保数据能正常传输。

Ⅱ 验 收

主控项目

5.5.2 悬浮物监测设备显示值，分辨率不应大于 1 mg/L，测量误差不应大于 2%。

检查方法：现场测试，标准悬浮物值采用率定过的便携式悬浮物计进行测量。

检查数量：全数检查。

一般项目

5.5.3 悬浮物监测设备的安装调试应符合设计和厂家要求且资料齐全。

检查方法：检查验收文档。

检查数量：全数检查。

Ⅲ　运行维护

5.5.4 悬浮物监测设备的定期检查和维护可包括电池、传感器和数据传输等。应至少每月 1 次。有数据管理平台的用户可根据数据情况确定检查频次。

5.5.5 悬浮物监测设备的定期检查应包括下列内容：

　1 外壳是否因腐蚀或其他原因受到损坏。

　2 变送器安装箱是否有漏水等现象。

　3 系统显示是否出现湿度报警，或干燥剂是否变色。

　4 变送器的工作温度是否超出悬浮物监测设备的工作额定范围。

　5 传感器表面和传感器小柱是否附着异物。

　6 变送器接线端子上的接线是否牢固。

　7 与传感器和变送器连接的电缆插头、插座是否松动。

　8 变送器显示数据是否正常。

5.5.6 悬浮物监测设备的维护应包括下列内容：

　1 清洁传感器表面和传感器小柱。

　2 更换变色的干燥剂。

　3 紧固所有插头、插座和接线。

　4 数据传输或显示异常情况排除。

附录 A 工程施工质量验收记录表

表 A.0.1 检验批施工质量验收记录 编号：

单位(子单位) 工程名称		分部(子分部) 工程名称		分项工程名称	
施工单位		项目经理		检验批部位	
分包单位		分包单位 项目经理		检验批容量	
施工质量验收标 准名称及编号					

施工质量验收规范的规定				施工单位检查评定记录	监理(建设)单位 验收结论
主控项目	1				
	2				
	3				
	4				
	5				
一般项目	1				
	2				
	3				
	4				
	5				

施工单位 检查评定 结果	项目质量检查员： 　　　　　　　　年　月　日
监理(建设) 单位验收 结论	专业监理工程师： (建设单位项目专业技术负责人) 　　　　　　　　年　月　日

表 A.0.2 分项工程施工质量验收记录 编号：

单位(子单位) 工程名称		分部(子分部) 工程名称		检验批数	
施工单位		项目经理		项目技术 负责人	
分包单位		分包单位 负责人		分包单位 项目经理	
序号	检验批部位、区段		施工单位检查 评定结果	监理(建设) 单位验收结论	
1					
2					
3					
4					
5					
6					
7					
8					
9					
10					
检查结论	项目专业技术负责人： 年 月 日		验收结论	监理工程师： (建设单位项目专业技术负责人) 年 月 日	

表 A.0.3　子分部工程施工质量验收记录　编号：

单位(子单位)工程名称			分部工程名称		分项工程数量	
施工单位			项目经理		技术(质量)负责人	
分包单位			分包单位负责人		分包单位项目经理	
序号	分项工程名称		检验批数	施工单位检查评定结果	监理(建设)单位验收结论	
1						
2						
3						
4						
5						
6						
7						
8						
质量控制资料						
安全和功能检验结果						
观感质量检验结果						
综合验收结论						
验收单位	分包单位	项目负责人			年　月　日	
	施工单位	项目经理			年　月　日	
	勘察单位	项目经理			年　月　日	
	设计单位	设计负责人			年　月　日	
	监理单位	总监理工程师			年　月　日	
	建设单位	项目负责人(专业技术负责人)			年　月　日	

表 A.0.4　分部工程施工质量验收记录　　编号：

单位(子单位)工程名称			子分部工程数量		分项工程数量	
施工单位			项目经理		技术(质量)负责人	
分包单位			分包单位负责人		分包单位项目经理	

序号	子分部工程名称		分项数	施工单位检查评定结果	监理(建设)单位验收结论
1					
2					
3					
4					
5					
6					
7					
8					
质量控制资料					
安全和功能检验结果					
观感质量检验结果					
综合验收结论					

验收单位	分包单位	项目负责人		年　月　日
	施工单位	项目经理		年　月　日
	勘察单位	项目经理		年　月　日
	设计单位	设计负责人		年　月　日
	监理单位	总监理工程师		年　月　日
	建设单位	项目负责人(专业技术负责人)		年　月　日

附录 B 海绵城市设施运行维护记录表

表 B.0.1 透水铺装运行维护记录表

设施基本情况	设施类型		建成时间		运维人员	
	设施地点		运维单位		运维日期	
	检查项目	检查内容	检查结果	处理情况	备注	
设施运维情况	观感质量	现场杂草垃圾清理情况				
		配套海绵城市设施衔接情况				
	设施结构	路面损坏情况				
		下部排水管/渠阻塞破裂				
	运行情况	透水性能				
		底层防渗情况				

表 B.0.2 绿色屋顶运行维护记录表

设施基本情况	设施类型		建成时间		运维人员	
	设施地点		运维单位		运维日期	
	检查项目	检查内容	检查结果	处理情况	备注	
设施运维情况	观感质量	设施内垃圾杂物清理情况				
	设施结构	排水层堵塞损坏				
		雨水斗堵塞损坏				
		表层整体沉降				
		种植土层厚度达标				
	运行情况	屋面漏水情况				
		植物生长情况				

表 B.0.3 生物滞留设施运行维护记录表

设施基本情况	设施类型		建成时间		运维人员	
	设施地点		运维单位		运维日期	
设施运维情况	检查项目	检查内容	检查结果	处理情况	备注	
	观感质量	警示标志牌完好性				
		设施内沉积物、垃圾清理情况				
	设施结构	覆盖层厚度减少情况				
		填料层减少、不均匀情况				
		溢流井结构破损、井盖缺失情况				
		消能装置破损情况				
	运行情况	入口处堵塞损坏				
		蓄水区淤积堵塞				
		溢流口、出水口、排水管/渠堵塞破损				
		植物生长情况				
		种植土流失侵蚀板结情况				

表 B.0.4 转输型植草沟运行维护记录表

设施基本情况	设施类型		建成时间		运维人员	
	设施地点		运维单位		运维日期	
设施运维情况	检查项目	检查内容	检查结果	处理情况	备注	
	观感质量	现场垃圾杂物清理				
	运行情况	入口区、过流区、出口区的堵塞损坏				
		拦污装置淤堵、侵蚀、沉降				
		消能装置淤堵、侵蚀、沉降				
		植物生长情况				

表 B.0.5 雨水表流湿地运行维护记录表

设施基本情况	设施类型		建成时间		运维人员	
	设施地点		运维单位		运维日期	
设施运维情况	检查项目	检查内容	检查结果	处理情况	备注	
	观感质量	安全防护措施和警示牌				
		设施内部及周边垃圾、杂物清理情况				
	设施结构	边坡护堤坍塌损坏情况				
		泵、阀门等相关设备正常工作情况				
	运行情况	竖管格栅垃圾杂物、泄洪道堵塞淤积情况				
		进水口、出水口、溢流口侵蚀损坏				
		前置塘、预处理池淤积堵塞				
		水质、水位				
		植物生长情况				

表 B.0.6 雨水潜流湿地运行维护记录表

设施基本情况	设施类型		建成时间		运维人员	
	设施地点		运维单位		运维日期	
设施运维情况	检查项目	检查内容	检查结果	处理情况	备注	
	观感质量	表层沉积物垃圾清理情况				
	运行情况	进水渠、出水渠破损、淤积堵塞				
		进水管、出水管破损、淤积堵塞				
		进出水阀门运行情况				
		滤料				
		出水水质				
		植物生长情况				
		种植土情况				

表 B.0.7 调节塘运行维护记录表

设施基本情况	设施类型		建成时间		运维人员	
	设施地点		运维单位		运维日期	
设施运维情况	检查项目	检查内容	检查结果	处理情况	备注	
	观感质量	安全防护措施和警示牌				
	设施结构	进水口主体结构完好情况				
	运行情况	进水口淤积堵塞				
		排水管、阀门、放空管淤堵破损				
		消能截污装置补充修整情况				
		前置塘淤堵破损				
		主塘淤堵破损				

表 B.0.8 渗渠运行维护记录表

设施基本情况	设施类型		建成时间		运维人员	
	设施地点		运维单位		运维日期	
设施运维情况	检查项目	检查内容	检查结果	处理情况	备注	
	观感质量	设施内部及周边垃圾、杂物清理情况				
	运行情况	渗渠堵塞淤积情况				
		拦污等预处理装置垃圾清理情况				
		表面覆土层板结流失情况				
		透水土工布修复情况				
		砾石层冲洗更换情况				
		渗渠坡度的排水情况				

表 B.0.9 雨水罐运行维护记录表

设施基本情况	设施类型		建成时间		运维人员	
	设施地点		运维单位		运维日期	
设施运维情况	检查项目	检查内容	检查结果	处理情况	备注	
	观感质量	安全防护措施和警示标志完好情况				
		垃圾、沉积物、附着物清理情况				
	设施结构	雨水罐各组成部件完好情况				
	运行情况	过滤装置堵塞淤积				
		进水口、出水口、溢流口堵塞淤积				

表 B.0.10 延时调节设施运行维护记录表

设施基本情况	设施类型		建成时间		运维人员	
	设施地点		运维单位		运维日期	
设施运维情况	检查项目	检查内容	检查结果	处理情况	备注	
	运行情况	进水通道的清淤修护情况				
		井盖及雨水箅缺失损坏情况				
		截污挂篮的清理修护情况				
		防坠网的养护、修理情况				
		储水空间清洗修护情况				
		缓释装置的养护情况				

表 B.0.11 初期雨水弃流设施运行维护记录表

设施基本情况	设施类型		建成时间		运维人员	
	设施地点		运维单位		运维日期	
设施运维情况	检查项目	检查内容	检查结果	处理情况	备注	
	观感质量	警示标志完好性				
		设施内部及周边垃圾、杂物清理情况				
	设施结构	设施结构完好情况				
		关键配件完好情况				
	机电设备	机电设施正常工作				
		电子监测设备正常工作				
	运行情况	进水管、出水管和雨水弃流管清淤损坏				
		截污滤网清理情况				
		设施底部清淤情况				

表 B.0.12 浅层调蓄设施运行维护记录表

设施基本情况	设施类型		建成时间		运维人员	
	设施地点		运维单位		运维日期	
设施运维情况	检查项目	检查内容	检查结果	处理情况	备注	
	观感质量	设施内部及周边垃圾、杂物清理情况				
	设施结构	截污装置堵塞破损情况				
	运行情况	进水口、出水口及溢流口堵塞淤积				
		通气管堵塞破损				
		进水口防冲刷设施完好情况				
		表面土壤塌陷板结情况				

表 B.0.13　雨水口过滤设施运行维护记录表

设施基本情况	设施类型		建成时间		运维人员	
	设施地点		运维单位		运维日期	
设施运维情况	检查项目	检查内容	检查结果	处理情况	备注	
	观感质量	设施内部及周边垃圾、杂物清理情况				
	运行情况	过滤包是否缺失、破损和堵塞				
		过滤装置是否堵塞				

表 B.0.14　雨水立管断接运行维护记录表

设施基本情况	设施类型		建成时间		运维人员	
	设施地点		运维单位		运维日期	
设施运维情况	检查项目	检查内容	检查结果	处理情况	备注	
	观感质量	设施周边垃圾、杂物清理情况				
	运行情况	雨水立管是否完好				
		消能装置是否完好				

附录 C 海绵城市设施运行维护
常用工具、设备和材料

表 C 海绵城市设施运行维护常用工具、设备和材料表

维护项目	设备、材料
植物养护	破土工具
	灌溉工具
	除草工具
	修剪工具
	运输工具
	病虫害防治工具
侵蚀控制,设施修补	筑坝材料(水泥、土、砖、混凝土等)
	防水材料(土工布等)
	修补工具
	消能材料(碎石、卵石等)
临时覆盖	塑料薄膜、防尘网
	碎树皮、草皮、树枝
管道/结构检查和维护	潜望镜
	电视检测设备
	疏通工具
	修补工具
	替换管材
	其他替换材料
垃圾、淤积清理,渗透性能恢复	铲、撬、扫帚
	翻土、破土设备

续表C

维护项目	设备、材料
垃圾、淤积清理,渗透性能恢复	垃圾袋、垃圾桶
	路面渗水仪(透水铺装)
	卷尺、直尺
	挡水隔板
	高压清洗机、透水铺装清洗车(透水铺装)
	压力水枪
	排污泵
	替换用种植土
	替换用填料
淤泥清理,水池/罐体清洁	手套,防滑雨鞋
	排污泵
	清洁水源
	软管
	加压冲洗设备
其他	小型挖掘机
	土壤监测设备(采样环刀、土壤钻、土壤养分测试试剂盒等)
	水准仪
	水质测试设备
	流量、液位监测设备
	安全防护用品(便携式甲烷检测报警仪、便携式光学甲烷检测仪等)
	其他机电设备

本标准用词说明

1 为了便于在执行本标准条文时区别对待,对要求严格程度不同的用词说明如下:

1)表示很严格,非这样做不可的用词:

正面词采用"必须";

反面词采用"严禁"。

2)表示严格,在正常情况下均应这样做的用词:

正面词采用"应";

反面词采用"不应"或"不得"。

3)表示允许稍有选择,在条件许可时首先应这样做的用词:

正面词采用"宜";

反面词采用"不宜";

4)表示有选择,在一定条件下可以这样做的用词,采用"可"。

2 条文中指明应按其他有关标准执行的写法为"应符合……的规定"或"应按……执行"。

引用标准名录

1 《透水铺装砖和透水铺装板》GB/T 25993

2 《地下工程防水技术规范》GB 50108

3 《给水排水构筑物工程施工及验收规范》GB 50141

4 《建筑地基工程施工质量验收标准》GB 50202

5 《混凝土结构工程施工质量验收规范》GB 50204

6 《建筑给水排水及采暖工程施工质量验收规范》GB 50242

7 《给水排水管道工程施工及验收规范》GB 50268

8 《土工合成材料应用技术规范》GB/T 50290

9 《屋面工程技术规范》GB 50345

10 《绿色建筑评价标准》GB/T 50378

11 《坡屋面工程技术规范》GB 50693

12 《城镇道路工程施工与质量验收规范》CJJ 1

13 《城镇道路养护技术规范》CJJ 36

14 《园林绿化工程施工及验收规范》CJJ 82

15 《透水水泥混凝土路面技术规程》CJJ/T 135

16 《透水砖路面技术规程》CJJ/T 188

17 《透水沥青路面技术规程》CJJ/T 190

18 《园林绿化养护标准》CJJ/T 287

19 《种植屋面工程技术规程》JGJ 155

20 《公路土工合成材料应用技术规范》JTG/T D32

21 《软式透水管》JC 937

22 《聚乙烯(PE)土工膜防渗工程技术规范》SL/T 231

23 《道路排水性沥青路面技术规程》DG/TJ 08—2074

24 《透水性混凝土路面应用技术标准》DG/TJ 08—2265

上海市工程建设规范

海绵城市设施施工验收与运行维护标准

DG/TJ 08—2370—2021
J 15832—2021

条文说明

2021 上海

目　次

Contents

1 总 则

1.0.1 说明制定本标准的宗旨和目的。

1.0.2 规定了本标准的适用范围。

《国务院办公厅关于推进海绵城市建设的指导意见》(国办发〔2015〕75号)明确要求,海绵城市建设应综合采取"渗、滞、蓄、净、用、排"等措施,涵盖源头减排、过程控制和系统治理。过程控制和系统治理的内容在现行国家标准《室外排水设计标准》GB 50014、《城镇内涝防治技术规范》GB 51222、《城镇雨水调蓄工程技术规范》GB 51174及现行上海市工程建设规范《城镇排水管道设计规程》DG/TJ 08—2222等规范、标准中已有较为详细的规定。因此,本标准规定内容以雨水源头减排设施为主。

1.0.4 为保障海绵城市设施的正常运行效果,应按照海绵城市设施的不同类型,明确相应的运行维护和监管主体,并落实运维资金。

1.0.5 海绵城市设施多与排水、建筑与小区、道路、广场和园林绿化等工程共同建设,因此,海绵城市设施的施工、验收和运行维护除应符合本标准外,还应符合排水、建筑、道路交通、园林绿化等相关专业的现行国家标准要求。同时,海绵城市设施运行维护过程中会产生垃圾、废料、污泥等废弃物,应按照城市环境卫生方面的相关标准要求,妥善处理。

3 基本规定

3.1 施 工

3.1.2 根据建设单位以及勘察、设计单位提供的资料进行施工现场踏勘,掌握现场实际情况。针对海绵城市设施施工工艺、植物在场地内的适应性等情况,对工程现场进行整体预评估。

3.1.3 施工过程是海绵城市设施建设的一个关键环节,施工过程中是否按照所在地行政主管部门批准的图纸施工、是否采用正确的材料、处理设备安装调试是否达到要求,渗透和调蓄设施能否满足设计要求的控制水量等都可能对海绵城市建设效果产生重要影响,因此,施工单位应熟悉和核查、核对施工图纸,深入理解设计意图,明确设计要求。发现施工图有疑问时,应及时提出,不得无图纸擅自施工或变更设计内容。

3.1.5 对于一个单位工程,一般有若干个生物滞留设施等设施,在临港地区海绵城市建设试点过程中,发现施工单位普遍存在施工不规范而导致达不到设计要求等问题,极易导致后续返工,因此应设置试验段或样板段,经渗透性能和出水水质等检验,达到设计要求后方能进行大批量施工。

3.1.6 进场验收应检查每批产品的订购合同、质量合格证书、性能检验报告、使用说明书、进口产品的商检报告及证件等,并按国家有关标准规定进行复验。此处列明的是各设施通用的安全防护措施,在以下各章节中另有不同设施针对性的施工安全防护措施条款。

3.1.9 此处列明的是各设施通用的安全防护措施,在以下各章节中另有不同设施针对性的施工安全防护措施条款。

3.2 验 收

3.2.4 检验批的划分和检验批抽检数量可按照现行国家标准《建筑工程施工质量验收统一标准》GB 50300 的规定执行。

3.2.5 本条是对海绵城市设施的工程施工质量验收的共性要求。

   3 观感质量施工验收结果应作文字、照片记录,并会同其他验收资料一同确认、保存。

3.3 运行维护

3.3.4 为加强分项验收之后移交之前海绵城市设施的维护管理,确保各类海绵城市设施能够有效发挥设计功能和作用,保证海绵城市设施的运行效果,建设单位移交竣工资料时应针对海绵城市设施的位置、作用、运行维护要点进行交底。设施移交之前,运行维护单位应对主要技术参数进行复核,以防前序运行维护不到位,后续单位接收后出现责任不清等问题。

3.3.6 运行维护方案应包含设施的运行方案、日常巡查、定期检查和维护的要求、应急处置预案等。运行维护方案应经过专家审查。

3.3.7 具有蓄、滞功能的海绵城市设施,如调节塘、人工湿地等,应根据设计调蓄水位要求进行预排空。

3.3.8 运行效果评估可按照现行国家标准《海绵城市建设评价标准》GB/T 51345 的方法和要求执行。

3.3.13 可采取投放食蚊鱼和蜻蜓幼虫等措施控制蚊蝇滋生现象。

3.3.14 运行维护单位可以选取典型海绵城市设施进行公众教育。加强对海绵城市设施的宣传,提高民众参与维护和发现问题的积极性,减少运行过程中人为因素带来的损害,降低维护成本。

3.4　效果评估

3.4.1　效果评估是针对多个海绵城市设施组成的建设项目,旨在评估其是否达到设计要求的年径流总量控制率、径流峰值削减率和年径流污染控制率。可以根据需要决定是否在验收前的试运行阶段进行效果评估,达标后验收。也可以在运行阶段进行效果评估,用于调整运行维护方案或用于运行单位的绩效考核评估。

3.4.4　模型模拟可以得到海绵设施建设前的出流曲线,与现场监测得到的建设后出流曲线对比,从而得到径流峰值削减率。

3.4.5　因为固体悬浮物(SS)与其他污染物指标具有一定相关性,可以通过现场监测典型场次降雨下海绵城市设施进出水 SS 削减来体现海绵城市设施径流污染的控制效果。年径流污染控制率可按下式计算:

$$C = \eta \frac{\sum F_i C_i}{F} \tag{1}$$

式中:C——建设项目年径流污染控制率;

　　　η——建设项目年径流总量控制率;

　　F_i——单个海绵城市设施汇水面积(m^2);

　　C_i——单个海绵城市设施对径流污染的控制率;

　　F——建设项目总用地面积(m^2)。

4 海绵城市设施

4.1 透水铺装

4.1.5 本条款规定了透水铺装面层施工条件,如施工单位采取必要的措施,并经监理工程师(建设单位项目专业技术负责人)批准后可以进行施工。透水沥青路面所采用的高黏度改性沥青黏度大,一般要求在气温较高条件下施工,否则压实度难以保证。但有时无法避免低温季节施工,在此情况下,可考虑适当提高沥青混合料的出厂温度,或采用温拌技术。

4.1.8 透水沥青路面采用高黏度改性沥青,由于改性沥青存在一个固化阶段,在路面施工完毕后,路面强度尚未达到最佳状态,因此排水性沥青路面宜在施工完毕 24 h 后开放交通。

4.1.17 透水沥青路面的面层渗水系数可按照现行行业标准《公路路基路面现场测试规程》JTG 3450 规定的方法进行复测。

4.2 绿色屋顶

4.2.8 挡墙或挡板下部设置泄水孔,主要是排泄种植土中过多的水分。为了防止泄水孔被种植土堵塞,影响正常的排水功能和使用管理,泄水孔周围应放置疏水粗细骨料。

4.2.16 排水畅通是绿色屋顶工程的一项基本要求,因此应通过检查施工记录核实排水层是否与排水系统连通,保证排水通畅。

4.2.27 本条是对绿色屋顶维护内容和要求的规定。

　4 结构层损坏是指覆土层水土流失严重,表层出现明显沉降,且排水层堵塞或损坏。

5 植被层长势较差时,应及时分析原因,测定土壤肥力是否满足植物生长要求,必要时应替换种植其他植物,绿色屋顶建立初期可适当施肥以促进生长,但在干旱条件下应避免施肥以防植物的茂密生长影响绿化屋顶的耐旱性。

植物过密可能造成雨水停留时间过长,或危及建筑结构安全时,应确定修剪或其他日常维护是否足以维持适当的种植密度与外观要求。

植被层植物覆盖度低于50%,种植基质水土流失严重,且排水层堵塞或损坏,过滤层无法过滤雨水,结构层材料随雨水流出时,应进行大修翻建。

应定期清理植被层枯枝、落叶,防止流失堵塞水落口、雨落管。

4.3　生物滞留设施

4.3.1 生物滞留设施分为简易型生物滞留设施和复杂型生物滞留设施,按应用位置不同又分为雨水花园、生物滞留带、湿式植草沟、高位花坛、生态树池等。

对于一个单位工程,一般有若干个生物滞留设施等设施,在临港海绵城市建设试点过程中,发现施工单位普遍存在施工不规范而导致达不到设计要求等问题,极易导致后续返工,因此应设置试验段或样板段,经高程和蓄水区排空时间等检验,达到设计要求后方能进行大批量施工。

4.3.4 市政基础设施主要包括路灯、指示牌、检查井、交通信号灯等,合理控制及设置海绵设施标高及径流路径,不应影响雨水排放。

4.3.6 本条规定了生物滞留设施土方开挖的要求。

2 为了保证设施完工后的景观效果,土方开挖时应使设施平面形态和周边环境呼应。

3 避免基坑因重型机械碾压、混凝土拌合等作业进一步降低基层土壤渗透性能及破坏基坑底部的平整度。

4 以防止基坑内水土流失进入管渠系统造成堵塞及污染，防止周边土壤进入基坑内对基坑渗透性能、深度造成影响。

4.3.9 排水层填料的孔隙率对保障生物滞留设施的设计排空时间具有重要意义，而滤料按粒径从大到小依次分层摆放是保证孔隙率的重要前提，因此施工中要特别避免马虎施工，将不同粒径的填料混合随意装填。

4.3.21 当生物滞留设施汇水区内存在施工时，可能存在渣土等被降雨或施工降水冲刷进入生物滞留设施而导致设施堵塞等问题，因此，应采取水土保持、在生物滞留设施进水处设置临时挡水等措施防止设施堵塞。

4.3.22 大雨后通过目测方式，统计蓄水区水量排空时间。该排空时间反映了结构层和排水管堵塞的情况，为设施维护方案的制定提供依据。

4.3.23 本条规定了生物滞留设施的维护要求。

2 生物滞留设施内植物过密，引起大量病虫害或死株时，可修剪以维持适当的种植密度与外观要求，如长期存在生长过密情况，则应替代种植其他植物，大型植物可移植到设施范围以外，小型植物可直接去除部分植株。

应定期检查生物滞留设施内植物生长情况，清除杂草，及时清理死去的或病虫害严重的植株，并补种植物，宜用生态、景观功能相似植物替换。

干旱时段应定时按需浇灌生物滞留设施内的植物。

3 在汛期来临前及汛期结束后，对生物滞留设施内、溢流口及其周边的雨水口进行清淤维护。当蓄水排空时间超过设计要求时，应对种植层进行更换。

4 应定期维护进水口和溢流口的防冲刷设施（如消能碎石、消能坎），保持其设计功能。

4.4 转输型植草沟

4.4.1 植草沟按结构和功能可分为干式植草沟和湿式植草沟。干式植草沟又称转输型植草沟,主要起转输雨水径流作用;湿式植草沟功能和结构与生物滞留设施一致。本节的规定适用于干式植草沟或转输型植草沟,湿式植草沟的施工、验收及运行维护要求参考本标准第4.3节生物滞留设施的相关规定执行。

4.4.13 转输型植草沟的入口区包括消能和拦污装置。日常巡视时,应检查消能装置是否侵蚀、沉降,拦污装置是否淤堵、侵蚀、沉降。

4.4.14 本条规定了转输型植草沟的维护要求。

1 尤其在汛期来临前及汛期结束后,应加大频次对植草沟进行维护。保持原设计入口区尺寸,满足进水要求,过流区、出口区宽度、边坡、构造不满足要求时,应按原设计要求进行修复;对消能和拦污装置进行维护。如发现设施损坏,应及时按原设计要求修复或更换。

2 按绿化养护要求进行日常维护。维护频次根据实际需要确定,定期补种、除草、修剪、治虫,适当施肥。要求沟内无杂草,植物密度和高度应符合原设计要求,超过原设计要求影响过流时,应及时进行修剪。

3 对植草沟进行日常维护,应及时清除沟内垃圾杂物。落叶季至少为每周1次,平时清理频次和绿地养护要求一致。

4 应及时对清理修复时受影响植物进行修复和补种。种植土的养护按照现行行业标准《绿化种植土土壤》CJ/T 340 相关规定。

4.5 雨水表流湿地

4.5.1 雨水湿地分为雨水表流湿地和雨水潜流湿地,常与湿塘合建并设计一定的调蓄容积。

4.5.2　雨水表流湿地所使用的材料主要包括：水泥、集料、砌块、阀门、仪表、防渗土工布、管材管件等。进场前核查内容主要包括：类别、材质、规格及外观。

4.5.25　在十三五水专项课题"金泽水源地雨水径流污染防控关键技术研究与工程示范"（2017ZX07207001）研究中发现，湖荡型区域内的雨水表流湿地中杂草生长较早，遮挡阳光后，会抑制湿地设计水生植物的生长优势，进而削弱湿地径流污染控制能力，因此有必要在春季控制杂草生长，辅助设计水生植物建立生长优势，以确保湿地对污染物的净化功能。

　　金泽水库为上海市第四个水源地，可为上海市西南五区供水，是实现西南五区集约化供水的重要举措。2017 年，水库取水水源太浦河及其北面的金泽镇被划定为水源保护区，包含一级保护区、二级保护区和准水源保护区。区域内地势低洼、河湖密布，呈湖荡型区域特征。为进一步控制水源保护区内径流污染，发挥区域特征优势，雨水表流湿地成为最有效的技术措施。

4.7　调节塘

4.7.1　调节塘也称干塘，以削减峰值流量功能为主，一般由进水口、调节区、出口设施、护坡及堤岸构成。

4.7.2　调节塘所使用的材料主要包括水泥、集料、砌块、阀门、仪表、滤料、土工布、管道等。进场前核查内容主要包括类别、材质、规格、外观。

4.7.19　蓄水区水量排空时间超过设计要求时，应综合考虑塘体底部淤堵、排水管堵塞、放水管堵塞等情况。

4.8　渗　渠

4.8.3　为了避免超挖对沟底土壤造成扰动，开挖距底部剩 20 cm

时采用人工铲土方式。

4.8.5 为防止局部下沉拉伸导致土工布损伤,沟槽内铺设透水土工布时不宜拉得过紧。

4.10 延时调节设施

4.10.1 延时调节设施是在雨水存储和径流峰值削减基础上,通过缓释排水延长雨水停留时间实现雨水净化和延时排放的径流控制设施。延时调节设施的蓄水区水量设计排空时间是影响设施污染物去除能力的重要因素,设计排空时间主要通过权衡悬浮物(SS)去除效果,根据实测资料确定。资料缺乏时,排空时间按 $24\,h\sim72\,h$ 进行控制,悬浮物(SS)去除率不小于 80%。

延时调节设施的蓄水设施主要用于雨水蓄存,其蓄水容积由设计调蓄量决定,形式可以为塘、池、沟、管等。

4.10.22 进水通道包括进水口、进水管、集水沟等。

4.10.24 采用水力设备进行清淤冲洗时,冲洗频率宜根据使用频率而定。采用机械冲洗时,应采用操作便捷、故障率低、冲洗效果好和抗腐蚀的设备。

4.11 初期雨水弃流设施

4.11.12 本条规定了初期雨水弃流设施定期检查的要求。

5 机电设备主要包括阀门、泵、液位控制器、雨停监测系统、可编程序控制 PLC、搅拌冲洗设备、电控设备以及自动控制弃流装置等,如有故障应及时排除。

6 机械类雨水弃流设施有弹簧式、浮球式、机械式等多种,应定期检查其机械配件,如浮球、弹簧和联动轴的破损程度,保证其完整性及密闭性。

4.11.13 本条规定了初期雨水弃流设施维护的要求。

1 清淤方式包括人工清掏、水力冲洗等。

2 去除滤网上的残留物。汛期或径流污染严重区域,可据实际情况增加清理频率。

3 进、出水口应及时清理垃圾与沉积物,确保过流通畅。

4.12 浅层调蓄设施

4.12.1 模块型式多样,包括塑料模块、多孔纤维棉模块等。

4.12.6 沟槽开挖应注意采取防渗措施,防止雨水对道路路基或建筑基础造成侵蚀破坏。

4.12.8 施工过程中,进水管、溢流管等管口应事先用管堵封好,避免施工过程中异物进入管内而引起堵塞,影响功能使用,施工完成后,移除管堵。

4.12.17 本条规定了浅层调蓄设施的维护要求。

1 定期检查集水井内进水口、出水口、溢流口堵塞情况,及时清理管内垃圾与沉积物,确保过水通畅。

2 沉泥顶距离进水管管底小于 5 cm 时需及时清掏。

4.13 雨水口过滤装置

4.13.4 雨水口过滤装置的安装文件包括:

1 各类部件的出厂合格证明。

2 各类部件安装前的质量查验记录。

3 安装记录及相关资料。

4 其他必要文件、记录等。

5 设施监测

5.1 一般规定

5.1.1 上海海绵城市设施常用监测设备样式如表 1 所示。根据试点情况,考虑到上海满管流情况较为普遍,管道监测数据不准确,因此宜对上海海绵城市设施进行监测。雨量计应根据规划和项目要求,根据周边雨量计分布情况分布。

表 1 上海海绵城市设施常用监测设备样式

海绵城市设施	设备样式		
	液位监测	流量监测	悬浮物监测
生物滞留设施	—	超声波多普勒流量计	SS/浊度计
雨水表流湿地	电子水尺	超声波多普勒流量计	SS/浊度计
雨水潜流湿地	—	薄壁堰流量计	SS/浊度计
调节塘	电子水尺	超声波多普勒流量计	—
渗渠		溢流超声波多普勒流量计	
雨水罐	压力式水位计		
延时调节设施	压力式水位计	溢流超声波多普勒流量计	
初期雨水弃流设施	—		
浅层调蓄设施		溢流超声波多普勒流量计	
雨水口过滤设施	—		

注:"—"代表无要求。透水铺装、绿色屋顶和植草沟的作用只体现在径流系数的削减上,因此运行中关注渗透性能,一般不需要监测流量。

5.2 翻斗式雨量计

5.2.1 本条规定了翻斗式雨量计的安装步骤和要求。

翻斗式雨量计所固定的混凝土基座,其入土深度应确保雨量计安装牢固,遇暴风雨时不发生抖动或倾斜为宜,还应考虑排水管通道和电缆布置。基本参数配置包括中心手机号码、终端站号和中心站号等。

5.2.7 本条规定了翻斗式雨量计的维护要求。

1 检查雨量计是否出现无信号、数据不稳定、有雨时雨量为0、误差较大等故障,对数据异常情况进行诊断。

3 可自行处理的供电设备故障按照设备的使用说明进行维修,其他故障应请设备厂商的专业技术人员进行维修。

6 将雨量计防堵罩和长过滤网摘下并清洗干净放回筒中;短过滤网清洗需先将翻斗取出冲洗干净,再将短过滤网刷洗干净后重新放回,注意要放正位置,用手轻轻拨动翻斗螺钉处看其能否正常翻转。

7 雨量计的校准可以通过现场测试比对监测性能指标。

5.3 液位监测设备

5.3.1 本条规定了液位监测设备安装流程的步骤和要求。

1 传感器连接长度大于 4 m 时,应现场分段逐级安装;在无辅助措施时,不建议整体级联后再安装,以免搬运、移动时损坏传感器。

5 终端的参数包括中心手机号码、终端站号和中心站号等。

5.3.6 本条规定了液位监测设备的维护要求。

2 无信号及数据时,一般是采集器的电源线脱落或蓄电池电量被耗尽,插上电源线、更换电池就可解决;管网监测设备上网流量卡欠费停机,及时补充话费。监测数据恒值不变时,监测设备探头被异物遮挡,或者脱落,及时进行现场管网清理;通信设备存在故障,需要现场检查,更换或者维修。

4 考虑现场温度和湿度对其电子部件的影响,是否需要提供耗材更换。

5.4 流量监测设备

5.4.1 本条规定了液位监测设备安装流程的步骤和要求。

1 流量计监测设备采用现场电池组供电,组装前应先组装电池。

4 安装地点信号场强度充足,能保证采集到各数据的上传和参数下传收发的成功率,以使整机的电源消耗处于较低的状态。

5.4.9 更换电池的频率与设备测量数据发送周期有关,设备测量数据发送周期越短,电池使用时间越短。

5.5 悬浮物监测设备

5.5.5 本条规定了悬浮物监测设备定期检查的要求。

4 变送器的工作温度超出悬浮物监测设备的工作额定范围时会导致湿气进入变送器内部。